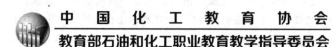

中国化工教育协会
教育部石油和化工职业教育教学指导委员会 组织编写

全国职业院校技能竞赛
"工业分析检验"赛项
指导书

王炳强　曾玉香　主编

U0244202

化学工业出版社

·北京·

本书内容包括赛项设置概述、赛项须知、赛项规程指南、仿真与理论考核指南、化学分析操作考核指南、仪器分析操作考核指南、赛项评判指南、计算机仿真软件与数据处理演示、技能操作试题及评分标准九章。本书配有光盘1张，内容有理论考核平台、通用气相色谱仿真软件、气质联用仿真软件、UV-18◎0PCDS2操作等软件和设备的使用向导视频。这本书还配套出版《化学检验工职业技能鉴定试题集》作为理论考试的试题库。

本书为全国石油和化工类职业院校"工业分析检验"赛项指导用书。也可供石油化工及相关企业职工工业分析检验技能竞赛理论知识培训、不同等级化学检验工、化学分析工职业技能鉴定培训与鉴定使用。

图书在版编目(CIP)数据

全国职业院校技能竞赛"工业分析检验"赛项指导书/王炳强，曾玉香主编.—北京：化学工业出版社，2015.5（2019.5重印）
ISBN 978-7-122-23521-3

Ⅰ.①全… Ⅱ.①王…②曾… Ⅲ.①工业分析-职业教育-教学参考资料 Ⅳ.①TB4

中国版本图书馆CIP数据核字（2015）第062192号

责任编辑：蔡洪伟 窦 臻 李 瑾　　　　　　　　　装帧设计：王晓宇
责任校对：蒋 宇

出版发行：化学工业出版社（北京市东城区青年湖南街13号　邮政编码100011）
印　　装：三河市延风印装有限公司
787mm×1092mm　1/16　印张7　字数166千字　2019年5月北京第1版第6次印刷

购书咨询：010-64518888　　　　　　　　售后服务：010-64518899
网　　址：http://www.cip.com.cn
凡购买本书，如有缺损质量问题，本社销售中心负责调换。

定　　价：28.00元　　　　　　　　　　　　　　　　　版权所有　违者必究

前言
Foreword

自 2005 年以来，由中国石油和化学工业联合会、中国化工教育协会举办的职业院校职业技能竞赛圆满完成 9 个赛项 59 场技能竞赛。"工业分析检验"赛项于 2006 年举办，共举办 16 场比赛。参加比赛的选手来自全国石油、化工、生物、环保、医药、卫生、林业等系统的高等职业学院和中等专业学校学生。该赛项 2012 年纳入教育部职业院校技能竞赛项目。"工业分析检验"赛项引导学生贴近生产实际"紧跟市场、贴近行业、依托企业、对接岗位"。赛项竞赛内容紧贴生产实际、通过竞赛可以提升工业分析检验人员对化工产品中的成分进行常量分析和微量分析的能力，提升工业分析检验人员执行国家质量标准规范的能力。

2014 年 6 月中国化工教育协会在安徽合肥组织召开的教育部教学指导委员会专门会议，会议研讨了全国石油和化工竞赛的有关内容，同时研究确定编写技能竞赛指导书作为"全国石油和化工举办十年技能竞赛的成果"之一，为今后参加比赛的选手提供更为翔实的比赛规程和方案。

本书的编写内容包括赛项设置概述、赛项须知、赛项规程指南、仿真与理论考核指南、化学分析操作考核指南、仪器分析操作考核指南、赛项评判指南、计算机仿真软件与数据处理演示、技能操作试题及评分标准九章。本书配有光盘 1 张，内容有理论考核平台、通用气相色谱仿真软件、气质联用仿真软件、UV-1800PCDS2 操作等软件和设备的使用向导视频。这本书还配套出版《化学检验工职业技能鉴定试题集》作为理论考试的试题库。

本书由天津渤海职业技术学院王炳强、曾玉香担任主编。王炳强编写第一章、第二章、第三章、第七章、第八章、第九章。曾玉香编写第四章、孙义编写第五章、王志英编写第六章。王炳强负责统稿。王建梅、曾莉、姜淑敏、赵美丽编写部分章节内容并进行核对。北京东方仿真科技公司编写并拍摄理论与仿真考试视频资料；上海美谱达仪器公司编写并拍摄紫外分光光度计使用视频。扬州工业职业技术学院秦建华教授担任主审。

《全国职业院校技能竞赛"工业分析检验"赛项指导书》编写是在工业分析与检验专业教学指导委员会的指导下编写的。编写过程中中国化工教育协会副会长任耀生、秘书长于红军对编写提纲提出重要的编写建议；工业分析与检验专业主任秦建华、副主任丁敬敏、林鸿、姜淑敏、盛晓东参加编写指导工作，在此均表示衷心的感谢。

参加本书部分内容编写的还有高申、张文英、于晓萍、陈兴利、徐晓安、冯淑琴、周学辉等。 编写的过程中还得到扬州工业职业技术学院、常州工程职业技术学院、南京科技职业学院、江西省化学工业学校、本溪市化学工业学校、上海信息技术学校、金华职业技术学院、湖南化工职业技术学院等单位的帮助和支持，在此一并表示感谢。

由于作者水平有限，书中难免有不妥之处，欢迎广大读者提出宝贵意见！

编者
2015 年 2 月

目 录
CONTENTS

第 四 章　仿真与理论考核指南 ／ 021

第 五 章　化学分析操作考核指南 ／ 053

第 六 章　仪器分析操作考核指南 ／ 059

第一章
全国技能竞赛和赛项设置概述

1. 建设与经济社会需求有效对接的现代职业教育体系[1]

2008 年以来，教育部联合天津市政府、国家有关部委、社会团体和行业组织，成功举办了六届全国职业院校技能竞赛。竞赛展示了职业教育创新成果，深化了职业院校教育教学改革，有力推动了产教融合、校企合作，促进了人才培养与产业发展的结合，扩大了职业教育国际交流，增强了职业教育影响力和吸引力。竞赛越办越好，已成为广大师生展示风采、追梦圆梦的广阔舞台，成为促进我国职业教育改革发展的重要抓手，对职业院校办出特色、办出水平的引领作用日益凸显。

党中央、国务院高度重视职业教育，新世纪以来，两次召开全国职业教育工作会议，出台了一系列加快职业教育发展的政策措施。教育规划纲要颁布实施以来，职业教育战线围绕国家战略，锐意改革创新，努力探索中国特色职业教育发展之路，作出了突出贡献。现在，中等和高等职业教育招生规模各占高中阶段和普通高等教育的"半壁江山"，人才培养类型、专业、层次的结构更加合理，加快推进了我国教育结构的战略性调整；全国职业院校在校生约 3100 万，每年向社会输送技术技能人才近千万，有力支撑了发展方式转变和产业转型升级；每年培训农村转移劳动力超过 1.5 亿人次，大力开展农村实用技术和生产经营培训，较好服务了城镇化和农业现代化建设；中职学校毕业生就业率稳定在 95％以上，高职院校毕业生就业率达 85％，有效缓解了就业结构性矛盾；中职免学费、国家奖助学金等政策效应持续显现，职业教育吸引力不断增强，积极促进了教育公平与社会和谐稳定。

当今世界正进入大发展大变革大调整时期，新一轮科技和产业革命蓄势待发，人才和创新日益成为综合国力竞争的决胜因素。特别是国际金融危机以来，美欧等发达国家重新审视

---

[1] 中共中央政治局委员、国务院副总理刘延东出席了在天津举办的 2013 年全国职业院校技能竞赛，视察了天津的职业教育，考察了部分比赛项目，并在竞赛闭幕式上发表了题为《加快发展现代职业教育为实现中国梦提供人才支撑》的重要讲话。本文节选这个讲话。

实体经济的价值，提出"再工业化"目标，纷纷把发展职业教育、提升国民技术技能水平作为增强产业竞争力和发展后劲的战略选择。当代中国正处于全面建成小康社会的决定性阶段，面临着人类历史上规模空前的工业化城镇化进程和日益加剧的国际竞争。我们只有迎难而上，全力打造"中国经济升级版"，才能形成新的竞争优势，争取主动、赢得未来。党的十八大提出了"两个百年"的奋斗目标、"五位一体"的总体布局和"四化同步"的发展路径，强调要优先发展教育，建设人力资源强国。前不久，习近平总书记在天津考察时指示，要搞好职业技能培训、完善就业服务体系，增强学生就业创业和职业转换能力。他还说，家财万贯不如薄技在身。李克强总理对职业教育工作高度重视，明确提出把职业教育作为本届政府工作的重点之一。当前，实现经济转型升级，提升中国制造水平，加快中国创造步伐，必然要求整体提高劳动者素质、造就一流技能人才队伍。这就为实现技术技能强国梦、职业教育成才梦创造了难得历史机遇，对职业教育转型升级提出了新的更高要求。我们必须加快改革步伐，切实把职业教育作为提高经济发展质量和效益的战略基础，作为扩大就业和改善民生的战略途径，作为基本实现教育现代化的战略重点，建设一支规模庞大、结构合理、素质较高的技能型人才队伍，为现代化建设提供有力支撑。

党的十八大报告首次明确提出"加快发展现代职业教育"，为新时期职业教育工作指明了方向。迫切要求我们牢固树立现代职业教育理念，深化理解现代职业教育的内涵，科学规划，健全制度，创新人才培养模式，开发、整合、共享优质教育教学资源，打通各类人才的发展通道，建设与经济社会需求有效对接的现代职业教育体系。当前，要重点抓好以下五个方面工作：

一要坚持"适应需求、有机衔接、多元立交"的方向和"中国特色、世界水准"的要求，科学谋划，明确重点，进一步统筹职业教育与经济社会和其他类型教育的关系，系统设计现代职业教育的体系框架、结构布局和运行机制，实现与现代产业、公共服务和终身教育体系融合发展。

二要以服务经济社会发展为宗旨，以解决青年就业为导向。要促进中等和高等职业教育协调发展，鼓励推动地方本科高校向职业教育转型，使专业结构和层次结构与人力资源需求相适应，以增强学生就业创业能力和职业转换能力，提高就业率和就业质量。要把技能培训放到与学历教育同等重要的地位，不断满足职业岗位对人才素质、人民群众对终身学习的多元多样需求。

三要深化综合改革。加快发展现代职业教育，必须依靠深化改革，以制度创新破除体制机制障碍，释放职业教育改革红利。要努力在产教融合、职普沟通、中高职衔接、行业企业参与、"双证书"制度以及完善就业政策、提升技术技能人才地位等方面取得新突破。要加强综合协调和统筹管理，打好组合拳，推进教育和生产过程相衔接、教育和劳动制度相配套、教育与市场评价相结合，形成校企合作育人的良好格局。

四要大力加强"双师型"教师队伍建设，完善教师企业实践和兼职教师聘用制度，提高职教教师的地位和待遇，吸引更多优秀人才投身职业教育。要强化师德师风建设，引导广大教师牢固树立献身职教事业、关爱职教学生、安心职教工作的敬业精神。要积极推进教育信息化，促进职业教育教学与现代信息技术融合发展，以信息化带动职业教育的现代化。

五要以可持续发展为目标，完善保障机制。要加大职业教育投入，提高职业教育培养能力。坚持政府投入为主，把职业教育作为教育投入的重点，加快制定职业院校生均财政拨款标准和公用经费标准，引导社会特别是行业企业加大对职业教育的投入力度，建立健全职业教育经费稳定增长机制。

当前，全面建成小康社会亟须大批技能型人才，国家推动职业教育改革发展呈现出前所未有的良好势头，职业教育大有可为、前途光明。希望你们珍惜大好时光，勤奋学习，打牢基础，砥砺意志品质，练就过硬本领；希望你们自信自强，不畏艰辛，坚韧不拔，经得起各种风浪考验，以智慧勇气战胜困难挑战，赢得社会尊重；希望你们脚踏实地，学以致用，一步一个脚印，把个人梦和职业梦融入国家梦和民族梦，用自己的双手开创成功之路和幸福生活，让青春更加绚丽，让人生更加出彩！

2. 全国职业院校技能竞赛综述

全国职业院校技能竞赛是中华人民共和国教育部发起，联合国务院有关部门、行业和地方共同举办的一项全国性职业院校学生技能竞赛活动，属于国家一类赛项。经过多年努力，竞赛已发展成为全国各地积极参与，专业覆盖面最广、参赛选手最多、社会影响最大、联合主办部门最全的国家级职业院校技能赛事，成为中国职业教育界的年度盛会。

从 2008 年开始，2014 年全国职业教育技能竞赛已是第七届，竞赛的规模和内涵不断扩大。2014 年，竞赛主办单位增加到 31 个；承办地扩增到 12 个分赛区；赛项数目增加到 98 个；参赛选手近万人，支持企业超过 2800 家。竞赛期间，有来自 55 个国家和地区的 574 名代表以不同形式参与了赛事。其中，17 个国家和地区的 49 名选手参加了中职组物流、高职组护理、网络应用等项目的比赛。有超过 10 万人次的市民和学生、500 多位国际友人、300 多家生产企业、50 余个行业以不同形式参与了活动，60 家媒体的近 300 名记者进行了跟踪报道。

2014 年全国职业院校技能竞赛将坚持统一性、普惠性、公益性和专门化原则，以提高竞赛的社会参与面和专业覆盖面，提升比赛水平、扩大国际影响，推动职教专业改革为目标，进一步完善制度建设、提升竞赛的组织化水平。2014 年竞赛的主办单位达到 31 个，共设置 14 个专业类别的 98 个竞赛项目。2014 年全国职业院校技能竞赛在天津主赛场和北京、山西、吉林、江苏、浙江、安徽、山东、河南、广东、重庆、甘肃、广西 12 个分赛区分别举行。参赛选手近 6000 人。部分比赛项目还将实现网上直播。今年竞赛主赛场同期还举办职教系统培育和践行社会主义核心价值观座谈会、中英职业教育"影子"校长座谈会、全国职业院校技能竞赛参赛选手就业洽谈会等活动。

全国职业院校技能竞赛是中国职业教育学生切磋技能、展示风采的舞台，也是总览中国职业教育发展水平的一个窗口。我们欢迎对此感兴趣的各国友人和专家前往观摩。具体内容可以登录竞赛官方网站（www.chinaskills.org）查询。

3. 比赛项目设置

比赛设中职组项目、高职组项目。每年设置的项目不超过 100 个。项目设定见表 1-1。

表 1-1　比赛项目设定

中职比赛项目		
项目名称	项目名称	项目名称
会计技能	建设技能	电工电子
酒店服务	光伏发电安装调试	农业技能
服装设计与制作	化工仪表自动化	化工生产设备维修
电梯维修保养	建筑 CAD 辅助设计	职业英语技能
电子商务技术	工业 CAD 辅助设计	护理技能
现代制造技术	煤矿安全	服装设计
汽车运用与维修	美发与形象设计	现代物流
手工制茶	烹饪	中药传统技能
工业分析检验	建筑设备安装调控	企业网搭建与应用
机器人技术应用		
高职比赛项目		
项目名称	项目名称	项目名称
会计技能	测绘测量	电子产品设计制作
汽车营销	中餐主体宴会设计	风光发电系统安调
烹饪技能	服装设计	报关技能
工业分析检验	智能电梯装调维护	英语口语
计算机网络应用	信息安全管理评估	护理技能
机器人技术应用	工业造型设计成型	数控机床装调维修
煤矿安全	物联网技术应用	现代物流贮存配送
电子产品检测维修	汽车检测与维修	中药传统技能
农业技能	农产品质量安检	楼宇自动化安调
化工仪表自动化	化工生产设备维修	自动化线安装调试
水环境监测与治理		

4. 工业分析检验赛项发展历程

2006 年首届工业分析检验赛项在江苏常州工程职业学院举行，原名化学检验工赛项，在 2012 年被教育部列为首届全国石油和化工类赛项。到 2013 年已经举办 8 届 16 场。举办的具体情况见表 1-2。

表 1-2　历年职业竞赛统计情况

届数	时间	中职参赛队数	举办地	高职参赛队	举办地
第 1 届	2006 年	12	常州	23	常州
第 2 届	2007 年	15	天津	39	天津
第 3 届	2008 年	22	天津	43	天津
第 4 届	2009 年	26	扬州	51	扬州
第 5 届	2010 年	29	本溪	61	扬州
第 6 届	2011 年	27	上海	71	扬州
第 7 届	2012 年	42	天津	54	天津
第 8 届	2013 年	40	天津	56	天津

5. 技能竞赛执委会组织机构

全国职业院校技能竞赛执委会组织机构是教育部联合天津市人民政府、科技部、工业和信息化部、国家民委、民政部、财政部、人力资源社会保障部、国土资源部、环境保护部、住房城乡建设部、交通运输部、水利部、农业部、商务部、文化部、国资委、国家旅游局、国家测绘地信局、国家中医药局、国务院扶贫办、全国总工会、共青团中央、中华职业教育社、中国职业技术教育学会、中华全国供销合作总社、中国机械工业联合会、中国有色金属工业协会、中国石油和化学工业联合会、中国物流与采购联合会、中国纺织工业联合会等31个部门。

竞赛设组委会、执委会、赛项执委会和赛项专家组。

第二章

赛项须知

1. 赛项规程

1.1 竞赛规则

（1）竞赛使用的仪器，除紫外可见光谱仪外，其他玻璃量具和器皿可以自带，也可以使用现场准备的仪器设备。各参赛队选手可以根据竞赛需要自由选择使用。

（2）竞赛时选手自带不具有工程计算功能的计算器，或使用现场准备的计算器。

（3）参赛选手按照参赛时段进入竞赛场地，自行决定工作程序和时间安排，化学分析竞赛和仪器分析竞赛在操作竞赛场地完成。

（4）参赛选手需在确认竞赛任务和现场条件无误后开始竞赛。

（5）竞赛分场次进行，参赛选手的在各场次的赛位采取抽签的方式确定。

（6）竞赛方案在参赛选手进入赛场后发放，同时段参加竞赛的参赛选手采用相同的竞赛试题。

（7）每支参赛队由 2 名选手组成，每名选手都必须参加化学分析和仪器分析实际操作考核内容。选手参赛报名时确定单双号，按单号和双号选手顺序安排操作考核时间。

（8）化学分析技能操作和仪器分析技能操作的竞赛时间各为 3.5h，竞赛过程中，选手休息、饮食或如厕时间均计算在竞赛时间内。

（9）竞赛过程中，参赛选手必须严格遵守操作规程，保证设备及人身安全，并接受裁判员的监督和警示；确因设备故障导致选手中断竞赛，由竞赛裁判长视具体情况做出补时或延时的决定；确因设备终止竞赛，由竞赛裁判长决定选手重做。

（10）在竞赛过程中，参赛选手由于操作失误导致设备不能正常工作，或造成安全事故不能进行竞赛的，将被终止竞赛。

（11）在竞赛过程中，各参赛选手限定在自己的工作区域内完成竞赛任务。

（12）若参赛选手欲提前结束竞赛，应向裁判员举手示意，竞赛终止时间由裁判员记录，参赛队结束竞赛后不得再进行任何操作。

（13）裁判员根据参赛选手在现场操作的情况给出现场成绩，阅卷裁判员根据选手的分析结果准确度和精密度通过计算机计算和真值组给出的结果给出成绩。

（14）竞赛结束后，参赛选手需完成现场清理并将设备恢复到初始状态，经裁判员确认后方可离开赛场。

（15）裁判员在各场次的赛位通过采取抽签随机的方式确定，采取中高职院校裁判员分别执裁，本省区裁判员回避原则。

1.2 抽签办法

1.2.1 抽签活动参加人员

① 抽签活动主持人：由"工业分析检验"项目专家主持。

② 抽签活动工作人员：由赛事承办方推荐，由"工业分析检验"项目专家确定 6 名工作人员为抽签活动服务。赛场的赛位号抽签工作人员为化学分析、仪器分析、仿真考核各 2 人。

③ 抽签人员：理论与仿真由执委会领导现场抽签，确定考试题号。赛位号由选手检录时抽签。

④ 参赛队抽签顺序的确定：经专家组讨论确定，以参赛队报名顺序作为参赛队的抽签顺序。东道主队最后抽签。抽签采用抽号的办法进行。

1.2.2 抽签程序

抽签活动开始前，由工作人员将竞赛工位号当众装入规格、颜色完全相同的信封，装入密闭不透明的抽签箱中，上、下、左、右，大幅度晃动次数不少于 3 次，使装入信封的号码（签）彻底混合。

参赛选手在检录处工作人员的引导下依次抽签；当场记录抽签结果，由选手签字。

抽签工作人员将竞赛赛位号登记，并移交成绩登统处。

1.2.3 竞赛顺序号

高职组：

竞赛顺序号，由竞赛场号与赛位号组成，高职组为 1～3 赛场。

竞赛场号为高职组"第 1 场"、高职组"第 2 场"、高职组"第 3 场"。

第 1 场赛位号为"1"，"2"，"3"，"4"，"5"，"6"，"7"，"8"，"9"，"10"，"备用"。

第 2 场赛位号为"11"，"12"，"13"，"14"，"15"，"16"，"17"，"18"，"19"，"20"，"备用"。

第 3 场赛位号为"21"，"22"，"23"，"24"，"25"，"26"，"27"，"28"，"29"，"备用"。

中职组：

竞赛顺序号，由竞赛场号与赛位号组成，中职组为 1～2 赛场。

竞赛场号为中职组"第 1 场"、中职组"第 2 场"。

第 1 场赛位号为"1"，"2"，"3"，"4"，"5"，"6"，"7"，"8"，"9"，"10"，"备用"，"备用"。

第 2 场赛位号为"11"，"12"，"13"，"14"，"15"，"16"，"17"，"18"，"19"，"20"，"备用"，"备用"。

1.3 赛场规则

① 赛场所有人员必须按规定统一着装，并佩带相应标志。

② 带入考场的资料要提前交裁判组审查后方可带入赛场，自编资料不准带入。

③ 禁止通讯工具带入赛场。

④ 入场后，选手做一些赛前的准备工作，如洗涤容器、试漏。在收到开赛信号前不得进行正式操作。

⑤ 参赛选手必须严格遵守操作规程，保证人身及设备安全，接受裁判员的监督和警示；若因设备故障导致选手中断或终止比赛，由竞赛裁判长做出裁决。

⑥ 比赛期间，由赛场巡视人员处理突发事件，并对裁判人员和现场评分员进行督察。

1.4 评分标准

① 理论知识竞赛试卷由计算机自动阅卷评分，经评审裁判审核后生效。

② 技能操作竞赛成绩分两步得出。现场部分由裁判员根据选手现场实际操作规范程度、操作质量、文明操作情况和现场分析结果，依据评分细则对每个单元单独评分后得出；分析结果准确性部分则等所有分析结果数据汇总并经赛项真值组按规范进行真值、差异性等取舍处理后得出。

③ 理论知识考核、化学分析技能操作考核及仪器分析技能操作考核每个单项均以满分100分计，最后按理论知识30%，技能操作考核70%（化学分析和仪器分析技能操作考核各占35%）的比例计算参赛总分。

④ 参赛队团体最终成绩为各队2名参赛选手个人成绩之和。

1.5 奖项设置

赛项设参赛选手团体奖，一等奖占比10%，二等奖占比20%，三等奖占比30%。

获得一等奖的参赛队指导教师由组委会颁发优秀指导教师证书。

高职组获得一等奖前三名的选手由化学职业技能鉴定指导中心颁发职业资格2级（技师）证书。

参赛的高职组、中职组选手，经竞赛考核理论与仿真、化学分析、仪器分析达到及格线，由化学技能鉴定指导中心授予相应的职业资格等级证书。

1.6 申述与仲裁

1.6.1 申诉

① 参赛队对不符合竞赛规定的设备、工具、软件，有失公正的评判、奖励，以及对工作人员的违规行为等均可提出申诉。

② 申诉应在竞赛结束后2h内提出，超过时效不予受理。申诉时，应按照规定的程序由参赛队领队向相应赛项仲裁工作组递交书面申诉报告。报告应对申诉事件的现象、发生的时间、涉及的人员、申诉依据与理由等进行充分、实事求是的叙述。事实依据不充分、仅凭主观臆断的申诉不予受理。申诉报告须有申诉的参赛选手、领队签名。

③ 赛项仲裁工作组收到申诉报告后，应根据申诉事由进行审查，6h内书面通知申诉方，告知申诉处理结果。如受理申诉，要通知申诉方举办听证会的时间和地点；如不受理申诉，要说明理由。

④ 申诉人不得无故拒不接受处理结果，不允许采取过激行为刁难、攻击工作人员，否则视为放弃申诉。申诉人不满意赛项仲裁工作组的处理结果的，可向竞赛赛区仲裁委员会提

出复议申请。

1.6.2 仲裁

竞赛采用两级仲裁机制。赛项设仲裁工作组，赛区设仲裁委员会。赛项仲裁工作组接受由代表队领队提出的对裁判结果的申诉。竞赛执委会办公室选派人员参加赛区仲裁委员会工作。赛项仲裁工作组在接到申诉后的 2h 内组织复议，并及时反馈复议结果。申诉方对复议结果仍有异议，可由省（市）领队向赛区仲裁委员会提出申诉。赛区仲裁委员会的仲裁结果为最终结果。

2. 人员须知

2.1 领队、指导教师须知

① 熟悉竞赛规程和内容，做好赛前准备上作。

② 执行竞赛的各项规定，遵守比赛规则。教育选手要遵守竞赛纪律、尊重裁判。竞赛期间不得私自接触评委。

③ 协助领队对不符合比赛规定的设备、有失公正的检测、评判以及对工作人员的违规行为提起申诉。

④ 及时传达竞赛执委会对赛项的要求，及时反馈代表队在技术层面的情况。

2.2 参赛选手须知

① 选手凭证（参赛证、身份证）提前 45min 到检录处检录，按照检录要求抽签获得赛场的赛位号同时将选手凭证留存检录处，由引导员按照赛位号的顺序统一带入考场。

② 竞赛过程中，因操作失误，致使设备不能正常工作，或安全事故不能进行比赛的，终止比赛。

③ 禁止将通讯工具带入赛场；不得将自编资料带入赛场。

④ 入场后，赛场工作人员与参赛选手共同确认设备状况，参赛队员必须确认仪器设备和使用的量器和容器等，收到开赛信号后开始比赛。

⑤ 竞赛时，参赛选手按照方案要求安排时间，及时记录竞赛项目中的有关数据，更正数据时必须由裁判员签字方能生效，否则按虚假数据处理，严禁作弊行为。

⑥ 比赛连续进行，竞赛过程中，饮水或如厕时间均计算在比赛时间内。

⑦ 参赛选手结束比赛，应向裁判员举手示意，比赛终止时间由裁判员记录，结束比赛后参赛队不得进行任何操作。

⑧ 参赛选手所填写的报告单内容不应涉及学校名称和选手姓名，只填写赛场和赛位号，若出现单位信息与姓名信息的，则该项无成绩。

⑨ 比赛结束后，参赛队须将现场恢复到初始状态，并经裁判员确认。

2.3 评分人员须知

① 实行回避制度，裁判员不得担任自己所在参赛省（市、自治区）选手的竞赛裁判工作，不得与参赛选手及相关人员接触联系。

② 裁判员仪表整洁统一着装，并佩带裁判员的胸卡；语言、举止文明礼貌，主动接受

仲裁组成员和参赛人员的监督。

③ 按制度和程序领取试卷、文件和物品。

④ 裁判员和选手共同进行赛前检查，清点比赛使用仪器设备，确认设备完好。

⑤ 裁判员场上应该充分仔细观察尽到裁判员的职责，确保现场安全、有序。裁判应特别注意涉及安全操作的项目，选手有违反安全操作规程的应及时提醒选手，并做记录，确保现场操作安全。

⑥ 裁判员在工作中严肃赛纪，遵守公平、公正的原则。特别注意参赛选手有作弊行为时，应立即没收相关物品，取消该队的比赛资格。

⑦ 裁判员认真填写比赛过程记录表，比赛结束后，裁判员和参赛选手一同在比赛过程记录表上签字确认。

⑧ 裁判员未经同意不得擅自发布关于比赛的言论，不得接受记者的采访；评定分数不得向选手公开。

⑨ 裁判员执裁期间在能看清现场状况与选手行为的情况下，应尽量远离选手，不得影响选手的工作，一般情况应与选手保持 1m 以上的距离。

⑩ 裁判员完整填写现场评分记录表。

2.4　工作人员须知

① 树立服务观念，一切为选手着想，以高度负责的精神、严肃认真的态度和严谨细致的作风，积极完成本职任务。

② 按规定统一着装，注意文明礼貌，保持良好形象，熟悉竞赛指南。

③ 于赛前 45min 到达赛场或根据岗位要求提前上岗，严守工作岗位，不迟到，不早退，不无故离岗，特殊情况需向竞赛执委会请假。

④ 熟悉竞赛规程，严格按照工作程序和有关规定办事，遇突发事件，按照安全工作预案，组织指挥人员疏散，确保人员安全。

⑤ 保持通信畅通，服从统一领导，严格遵守竞赛纪律，加强协作配合，提高工作效率。

2.5　报到须知

① 参赛选手要认真阅读《竞赛指南》，熟悉竞赛日程安排。

② 务必携带身份证、参赛证，按照抽签的工位号入位，以便检录处核对个人信息并带入赛场。

③ 服从竞赛统一指挥，在指定宾馆的房间住宿，不私自调换房间，以便及时传递竞赛信息。

2.6　安保须知

2.6.1　裁判和代表队安保须知

① 领队、裁判、指导教师及参赛选手等所有人员不准在比赛场所和禁烟区吸烟。

② 领队、裁判、指导教师及参赛选手等所有人员佩戴标志进入赛场，并主动向安保管理人员出示。

③ 领队、裁判、指导教师及参赛选手等所有人员不准携带液体饮料、管制器械及易燃易爆等危险物品进入比赛场地。

④ 服从命令、听从指挥，在规定区域内活动，不得擅自离开。

2.6.2 参赛人员安保须知

① 参赛人员要妥善保管个人财物。

② 参赛人员必须按规定穿戴好劳动防护工具。

③ 参赛选手在比赛过程中，要注意安全用电，不要用湿手、湿物接触电源，实验结束后应切断电源。

④ 参赛选手在比赛过程中遇到突然停电、停水时应立即关闭电源及水源。

⑤ 严禁在比赛场地内饮食或把餐具带进比赛场地，更不能把实验器皿当作餐具。

⑥ 要熟悉掌握比赛中的注意事项和化学试剂特性，严禁进行具有安全风险的操作。

⑦ 参赛人员不得将承办单位提供的仪器、工具、材料等物品带出赛场。

⑧ 比赛过程中，参赛人员未经批准，不得进入赛场以外的区域，不准翻阅与比赛无关的资料，不准操作和使用与比赛无关的设备、仪器和试剂。

⑨ 参赛人员对比赛过程安排或比赛结果有异议时，可以通过领队向赛项仲裁组反映，不得扰乱赛场秩序。对于违反赛场纪律、扰乱赛场秩序者将视情节给予处理，直至终止比赛，取消比赛资格。

⑩ 比赛期间如发生火情等特殊情况，要保持镇静，在第一时间向现场工作人员报告，并按照现场工作人员的统一指挥，参与扑救或有序撤离。

2.6.3 特别提示

比赛期间一旦发生人员意外伤害或紧急突发病情，要服从现场救护人员指挥，医护人员要立即进入紧急施救状态，采取积极有效的医疗救治措施，对症处理，快速解决；遇有病情严重情况时，要尽快指派专人护送病人到医院进行救治。

第三章

赛项规程指南

1. 竞赛考核内容

竞赛考核范围依据《化学检验工》国家职业标准和《化工行业分析工题库》确定。竞赛考核内容分为理论知识和技能操作两大部分，理论知识竞赛与技能操作竞赛的成绩比例为30％：70％。技能操作竞赛设化学分析和仪器分析两类项目。

2. 理论与仿真项目考核方案

2.1 考核方法

理论知识竞赛考核由理论知识考核和仿真考核两部分组成，理论知识考核与仿真考核成绩比例为85％：15％。考核方式为闭卷、机考方式进行（不同机位号试卷相同，但题目顺序号随机产生），考试总时间100min，其中理论考试限时60min，仿真考试限时40min，理论知识考核和仿真考核可任意选择优先顺序，到时自动关闭。两个考核均可以提前进行交卷操作，再选择另一个考核界面继续考核。仿真考核采用北京东方仿真软件技术公司开发的项目，高职项目"液相色谱与质谱联用仿真考核软件——虚拟样品的定性和定量测定"；中职项目"液相色谱仿真考核软件——给定样品的定性和定量测定"。

2.2 试题内容及分布

2.2.1 试题内容分布比例（见表 3-1）

2.2.2 理论试题其他要求

① 试题题型结构分布：单选题占35％；多选题占35％；判断题占30％。

② 试题难度结构分配。

高职：较高难度的题目（标记为1）占20％；中等难度的题目（标记为2）占60％；较低难度的题目（标记为3）占20％（难度标记只出现在试题库内，不出现在考卷上）。

表 3-1　试题内容分布比例

项目	序号	知识点	比例		成绩
			中职	高职	
理论	1	职业道德	1	1	100
	2	化验室基础知识	14	7	
	3	化验室管理与质量控制	10	5	
	4	化学反应与溶液基础知识	5	3	
	5	滴定分析基础知识	9	9	
	6	酸碱滴定知识	8	8	
	7	氧化还原滴定知识	8	8	
	8	配位滴定知识	7	8	
	9	沉淀滴定知识	3	3	
	10	分子吸收光谱法知识	7	9	
	11	原子吸收光谱法知识	6	8	
	12	电化学分析法知识	5	7	
	13	色谱法知识	7	9	
	14	工业分析知识	4	6	
	15	有机分析知识	3	6	
	16	环境保护基础知识	3	3	
仿真	17	高职：液相色谱与质谱联用仿真考核 中职：液相色谱仿真考核			100
合计（理论成绩×85％＋仿真成绩×15％）					100

中职：较高难度的题目（标记为 1）占 5％；中等难度的题目（标记为 2）占 75％；较低难度的题目（标记为 3）占 20％（难度标记只出现在试题库内，不出现在考卷上）。

③ 试题出题范围：试题库原题占 90％，另有 10％的题目在不超过原试题库的范围内重新修改或设计。

2.3　试卷形成方式

理论试卷形成方式为：从试题库和重新修改或设计的试题中按知识点分配比例分别抽取 90％和 10％的题目形成出卷题库。竞赛前再安排专人在大赛执委会的监督下，采用按知识点比例由该出卷题库抽题形成 A、B、C 三份试卷，考试前由执委会抽一份试卷进行考核。

2.4　题库

竞赛采用的理论题库是以《化工行业分析工题库》为依据，经过加工整理形成的《化学检验工职业技能鉴定试题集》（见化学工业出版社出版的配套教材《全国工业分析检验技能鉴定试题集》）。

2.5　理论考试与仿真考试注意事项

① 理论考试点击桌面图标 进入考试，输入准考证号与密码，点击"提交"按钮，进

入学员确认信息界面，点击"确认考试"按钮，进行理论考试。仿真考试点击图标 ![] 进入，在姓名栏与学号栏输入准考证号，选择局域网模式，点击"连接"，确定考生信息后进入考试。注意准考证号一定输入正确，如果输入错误造成无法提交成绩，后果自负。

② 仿真考试版与东方仿真操作在线培训系统公布的练习版有一定的区别。

3. 化学分析操作考核方案

化学分析项目为个人比赛项目，要求各参赛队每 1 名选手在规定时间内（210min）独立完成。

3.1 考核内容

高锰酸钾标准滴定溶液的标定和过氧化氢含量的测定。用基准物草酸钠依据国标方法标定出高锰酸钾标准滴定溶液的浓度，再用该高锰酸钾标准滴定溶液对给定过氧化氢样品中过氧化氢的含量进行测定。

3.2 技能考核点分布

化学分析操作技能考核点，中职和高职考核权重有所不同，见表 3-2。

表 3-2 化学分析操作技能考核点分布表

序号	考核点	中职考核权重/%	高职考核权重/%
1	基准物及试样的称量	10	7.5
2	定量转移并定容	4.5	3
3	移取溶液	5	5
4	滴定操作	5.5	5.5
5	滴定终点	4	4
6	读数	2	2
7	原始数据记录	2	2
8	文明操作	1	1
9	数据记录及处理	6	5
10	标定结果	30	35
11	测定结果	30	30
	总计	100	100

3.3 计量容器体积校正

化学分析项目中，用滴定管、移液管、容量瓶操作需对该容器进行体积校正。第一种是仪器本身准确体积的校正。移液管和容量瓶做相对体积校正，而滴定管则用绝对校正方法校正。相对体积校正和绝对体积校正请参考有关专业书籍。第二种是温度对容器的体积校正，温度影响容器实际体积，应对使用的计量容器校正。

① 容器准确体积校正的实例。

一位选手对滴定管、容量瓶进行校正，数据见表 3-3 和表 3-4。

表 3-3　滴定管的校正值

标示体积/mL	10	15	20	25	30	35	40	45
水的质量/g	10.0105	14.9717	19.9812	24.9713	29.9610	34.9670	39.9195	44.9262
	9.9883	14.9737	19.9917	24.9782	29.9663	34.9498	39.9561	44.9356
	9.9864	14.9944	19.9947	24.9853	29.9777	—	—	—
校正温度/℃	26.4	26.4	26.2	26.0	26.3	26.4	26.5	26.5
水的相对密度	0.99593	0.99593	0.99593	0.99593	0.99593	0.99593	0.99593	0.99593
实际体积/mL	10.0514	15.0329	20.0629	25.0733	30.0834	35.1099	40.0826	45.1098
	10.0291	15.0349	20.0734	25.0803	30.0888	35.0926	40.1194	45.1192
	10.0272	15.0557	20.0764	25.0874	30.1002	—	—	—
实际读数/mL	10.02	15.00	20.00	25.00	30.00	35.03	40.00	44.99
	10.00	14.99	20.01	25.01	30.00	35.00	40.03	45.00
	10.00	15.02	20.01	25.02	30.02	—	—	—
实际差/mL	0.031	0.033	0.063	0.073	0.083	0.080	0.083	0.120
	0.029	0.045	0.063	0.070	0.089	0.093	0.089	0.119
	0.027	0.036	0.066	0.067	0.080	—	—	—
体积校正值/mL	0.029	0.038	0.064	0.070	0.084	0.086	0.086	0.120

表 3-4　容量瓶的校正值

标示体积/mL	100	100	250	250	250	250	500	500
瓶号	1	2	1	2	3	4	1	2
空瓶质量/g	56.0884	51.5086	114.89	111.51	114.47	115.45	161.80	166.09
水的质量/g	99.5090	99.5292	248.67	248.91	248.84	248.72	497.93	498.07
	99.5085	99.5286	248.70	248.88	248.83	248.73	497.93	498.03
	99.5075	99.5301	248.72	248.88	248.82	248.72	497.89	498.08
	99.5068	99.5301	248.68	248.90	248.85	248.71		
		99.5307	248.71	248.90	248.82	248.73		
校正温度/℃	27.0	27.0	27.0	27.0	27.0	27.0	26.0	26.0
水的相对密度	0.9957	0.9957	0.9957	0.9957	0.9957	0.9957	0.9959	0.9959
实际体积/mL	99.940	99.960	249.746	249.987	249.917	249.797	499.965	500.105
	99.939	99.959	249.777	249.957	249.907	249.807	499.965	500.065
	99.938	99.961	249.797	249.957	249.897	249.797	499.925	500.115
	99.938	99.961	249.756	249.977	249.927	249.787		
		99.962	249.787	249.977	249.897	249.807		
平均体积/mL	99.94	99.96	249.77	249.97	249.91	249.80	499.95	500.10

该滴定管的校正曲线见图 3-1。

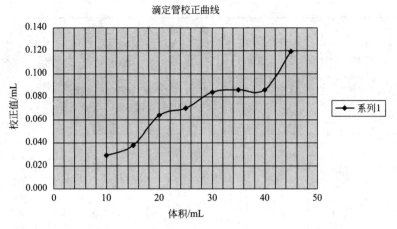

图 3-1　滴定管校正曲线

② 温度体积补正值表。

选手要对滴定管的标准溶液体积进行不同温度下校正，其补正值见表 3-5。

表 3-5　不同温度下标准滴定溶液的体积补正值（GB/T 601—2016）

[1000mL 溶液由 t℃ 换算为 20℃ 时的补正值/（mL/L）]

温度 /℃	水和 0.05mol/L 以下的各种 水溶液	0.1mol/L 和 0.2mol/L 各种 水溶液	盐酸溶液 $c(HCl)=$ 0.5mol/L	盐酸溶液 $c(HCl)=$ 1mol/L	硫酸溶液 $c\left(\frac{1}{2}H_2SO_4\right)=$ 0.5mol/L, 氢氧化钠溶液 $c(NaOH)=$ 0.5mol/L	硫酸溶液 $c\left(\frac{1}{2}H_2SO_4\right)=$ 1mol/L, 氢氧化钠溶液 $c(NaOH)=$ 1mol/L	碳酸钠 溶液 $c\left(\frac{1}{2}Na_2CO_3\right)=$ 1mol/L	氢氧化钾- 乙醇溶液 $c(KOH)=$ 0.1mol/L
5	+1.38	+1.7	+1.9	+2.3	+2.4	+3.6	+3.3	
6	+1.38	+1.7	+1.9	+2.2	+2.3	+3.4	+3.2	
7	+1.36	+1.6	+1.8	+2.2	+2.2	+3.2	+3.0	
8	+1.33	+1.6	+1.8	+2.1	+2.2	+3.0	+2.8	
9	+1.29	+1.5	+1.7	+2.0	+2.1	+2.7	+2.6	
10	+1.23	+1.5	+1.6	+1.9	+2.0	+2.5	+2.4	+10.8
11	+1.17	+1.4	+1.5	+1.8	+1.8	+2.3	+2.2	+9.6
12	+1.10	+1.3	+1.4	+1.6	+1.7	+2.0	+2.0	+8.5
13	+0.99	+1.1	+1.2	+1.4	+1.5	+1.8	+1.8	+7.4
14	+0.88	+1.0	+1.1	+1.2	+1.3	+1.6	+1.5	+6.5
15	+0.77	+0.9	+0.9	+1.0	+1.1	+1.3	+1.3	+5.2
16	+0.64	+0.7	+0.8	+0.8	+0.9	+1.1	+1.1	+4.2
17	+0.50	+0.6	+0.6	+0.6	+0.7	+0.8	+0.8	+3.1
18	+0.34	+0.4	+0.4	+0.4	+0.5	+0.6	+0.6	+2.1
19	+0.18	+0.2	+0.2	+0.2	+0.3	+0.3	+0.3	+1.0
20	0.00	0.00	0.00	0.0	0.0	0.0	0.0	0.0
21	-0.18	-0.2	-0.2	-0.2	-0.2	-0.3	-0.3	-1.1

温度/℃	水和0.05mol/L以下的各种水溶液	0.1mol/L和0.2mol/L各种水溶液	盐酸溶液 $c(HCl)=$ 0.5mol/L	盐酸溶液 $c(HCl)=$ 1mol/L	硫酸溶液 $c\left(\frac{1}{2}H_2SO_4\right)=$ 0.5mol/L，氢氧化钠溶液 $c(NaOH)=$ 0.5mol/L	硫酸溶液 $c\left(\frac{1}{2}H_2SO_4\right)=$ 1mol/L，氢氧化钠溶液 $c(NaOH)=$ 1mol/L	碳酸钠溶液 $c\left(\frac{1}{2}Na_2CO_3\right)=$ 1mol/L	氢氧化钾-乙醇溶液 $c(KOH)=$ 0.1mol/L
22	−0.38	−0.4	−0.4	−0.5	−0.5	−0.6	−0.6	−2.2
23	−0.58	−0.6	−0.7	−0.7	−0.8	−0.9	−0.9	−3.3
24	−0.80	−0.9	−0.9	−1.0	−1.0	−1.2	−1.2	−4.2
25	−1.03	−1.1	−1.1	−1.2	−1.3	−1.5	−1.5	−5.3
26	−1.26	−1.4	−1.4	−1.4	−1.5	−1.8	−1.8	−6.4
27	−1.51	−1.7	−1.7	−1.7	−1.8	−2.1	−2.1	−7.5
28	−1.76	−2.0	−2.0	−2.0	−2.1	−2.4	−2.4	−8.5
29	−2.01	−2.3	−2.3	−2.3	−2.4	−2.8	−2.8	−9.6
30	−2.30	−2.5	−2.5	−2.6	−2.8	−3.2	−3.1	−10.6
31	−2.58	−2.7	−2.7	−2.9	−3.1	−3.5		−11.6
32	−2.86	−3.0	−3.0	−3.2	−3.4	−3.9		−12.6
33	−3.04	−3.2	−3.3	−3.5	−3.7	−4.2		−13.7
34	−3.47	−3.7	−3.6	−3.8	−4.1	−4.6		−14.8
35	−3.78	−4.0	−4.0	−4.1	−4.4	−5.0		−16.0
36	−4.10	−4.3	−4.3	−4.4	−4.7	−5.3		−17.0

注：1. 本表数值是以20℃为标准温度以实测法测出。

2. 表中带有"＋"、"−"号的数值是以20℃为分界。室温低于20℃的补正值为"＋"，高于20℃的补正值为"−"。

3. 本表的用法如下：

如1L硫酸溶液 $\left[c\left(\frac{1}{2}H_2SO_4\right)=1mol/L\right]$ 由25℃换算为20℃时，其体积补正值为−1.5mL，故40.00mL换算为20℃时的体积为

$$40.00-\frac{1.5}{1000}\times40.00=39.94(mL)$$

4. 仪器分析操作考核方案

仪器分析项目为个人项目，要求各参赛队每一名选手在规定时间内（210min）独立完成。

4.1 考核内容

采用紫外-可见分光光度法测定未知物浓度。

按规范测定未知物及至少四种已知标准试剂（水杨酸、磺基水杨酸、1,10-菲罗啉、苯甲酸、维生素C、山梨酸、硝酸盐氮、糖精钠）的吸收曲线，选择与未知样相同图谱的对应标准物质做工作曲线，测定未知物浓度。

特别说明：

① 在寻找与未知样相同图谱标准试剂时，所提供的标准试剂的吸收曲线均需一一做出，否则扣分；

② 竞赛时给出的标准试剂及未知样在不同场次或不同组别间可能不一样，浓度也可能不同；

③ 所提供的未知样浓度范围事先已标明；

④ 要求试样平行测定 3 次。

4.2 技能考核点分布

仪器分析操作技能考核点，中高职考核权重是不同的，见表 3-6。

表 3-6　仪器分析操作技能考核点分布表

序号	考核点	中职考核权重/%	高职考核权重/%
1	仪器准备	2	2
2	溶液的制备	7	5
3	比色皿的使用	3	3
4	分光光度计的操作	3	3
5	原始记录	5	5
6	结束工作	2	2
7	定性测定	8	9
8	定量测定	36	37
9	测定结果	34	34
总计		100	100

第四章

仿真与理论考核指南

1. 仿真考核要点

1.1 中职组

中职组考核项目为液相色谱仿真考核软件——给定样品的定性和定量测定。

1.1.1 主界面

在程序加载完相关资源后，出现仿真操作主界面，如图4-1所示。

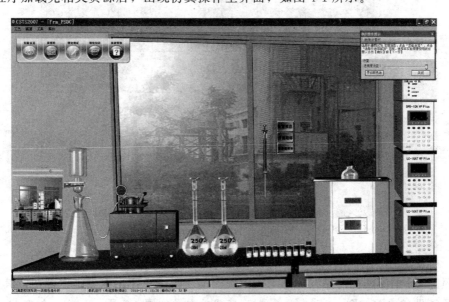

图 4-1　液相色谱仿真操作界面

程序主场景上部是五个功能按钮，分别是实验总览、原理图、理论测试、理论知识、实验帮助，左下方是实验室场景缩略图，其余区域为仿真操作区。

仿真系统包括了以下模块：仿真现场操作模块、仿真工作站模块、实验总览模块、理论测试模块、单步操作提示模块、智能评价系统。

1.1.2　操作步骤（参数仅供参考）

（1）实验准备

点击主页面"配制样品"，进行样品配制，如图 4-2 所示。配制样品窗口如图 4-3 所示。每一个配置完成后点右下角"确定"钮，样品瓶盖子盖上，表示样品配制完成。样品配制完成后，关闭窗口。

图 4-2　配置样品按钮

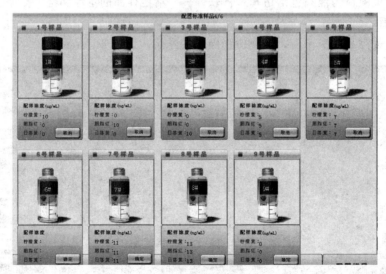

图 4-3　配置样品窗口

（2）启动仪器和工作站软件

按照图 4-4 的液相色谱仪，从下到上依次启动仪器，在弹出框点击电源钮。其中泵 A、泵 B 和检测器的电源如图 4-5 所示。数据交换机的电源如图 4-6 所示。

打开电脑主机，单击电脑桌面工作站图标 ，弹出工作站界面点"分析"图标，进入工作站界面。

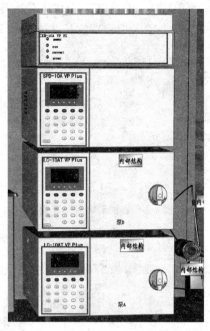

图 4-4　液相色谱仪

图 4-5　泵 A、泵 B 和检测器的电源

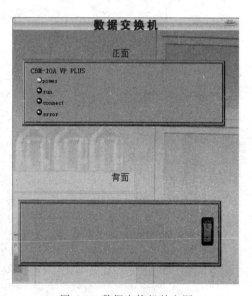

图 4-6　数据交换机的电源

（3）新建数据采集方法

点击工作站"文件"菜单上"新建方法"按钮或者工具栏上的 ▯ 按钮，如图 4-7 所示。根据分析物质，填写实验方法。

在"LC 停止时间（L）"上输入时间，大约 8min 左右，点击"应用到所有采样时间"按钮，将 LC 停止时间应用于采集时间，如图 4-8 所示。在泵的"模式"上选择"二元高压梯度"，"泵总流速"为 1.0mL/min，在"泵 B 浓度（B）"上输入初始

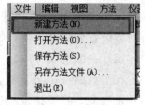

图 4-7　新建数据采集
方法界面

浓度15%，压力限制（泵A，泵B）的"最大值"上输入最大压力15～19MPa，如图4-9所示。在检测器"波长通道1（1）"上输入检测器波长254nm，如图4-10所示。

图 4-8　数据采集时间界面

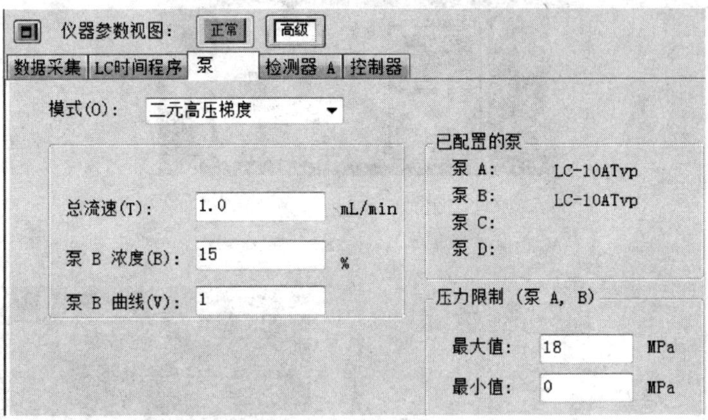

图 4-9　泵参数设置界面

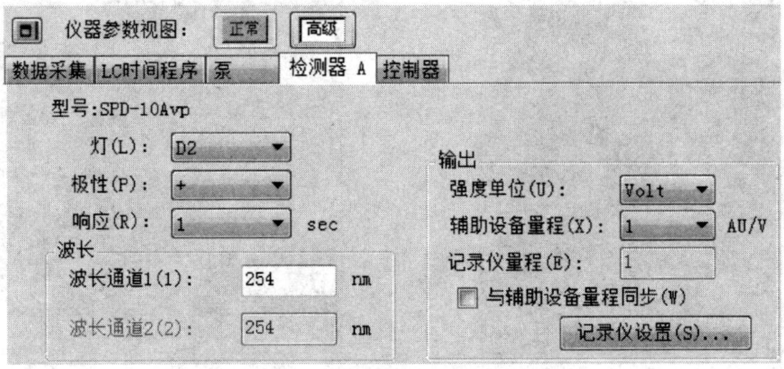

图 4-10　检测器参数设置界面

　　点击"文件"菜单上"另存方法文件"按钮，将所编辑的方法保存在预先设置好的文件夹中，如图4-11所示。点击"下载"按钮，调出"LC实时分析"提示框，点击"确定"，将参数设置发送至仪器，如图4-12所示。

　　(4) 在线脱气

　　在主页面点击泵排液阀，在弹出框点击"OPEN"，逆时针旋转泵A/B排放阀（放空阀）至横向，打开排液阀，如图4-13所示。按下泵A/B控制面板上"purge"按钮，在线脱气，如图4-14所示。自动脱气3min（模拟时间100s）后，泵A/B自动停止运行，

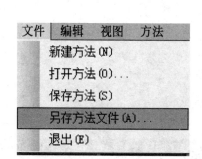

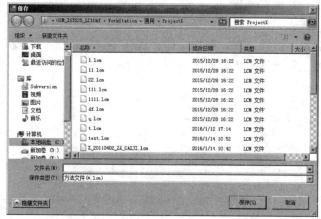

图 4-11　保存数据采集方法文件

图 4-12　参数设置发送至仪器

"PUMP"指示灯灭。点击泵排液阀，在弹出框点击"CLOSE"，顺时针旋转泵 A/B 排液阀（放空阀）到底，关闭排液阀，如图 4-13 所示。脱气完成后，按下泵 A/B 控制面板上"pump"按钮，打开色谱泵 A/B，如图 4-14 所示。

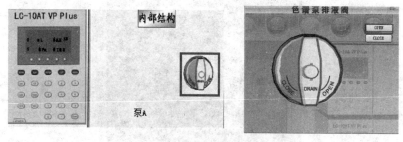

图 4-13　打开色谱泵排液阀

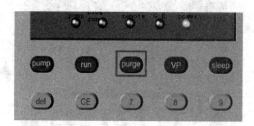

图 4-14　色谱泵的按钮

（5）单次分析

进入工作站界面，点击"单次运行"图标，显示＜单次运行＞视图窗口。输入样品名称、ID、方法文件、数据文件、进样体积等，点击"确定"，如图4-15所示。点击"开始"，开始进行数据采集，如图4-16所示。

图4-15　单次运行视图窗口　　　　　　　　　图4-16　数据采集开始对话框

点击主页面待测样品瓶1，软件自动抽取样品，播放取样动画，如图4-17所示。点击六通阀，如图4-18所示。将六通阀掰至load档，依次点击放针、进样、INJECT，软件自动开始采样，如图4-19所示，最后点击抽针拔出进样针。液相色谱采集样品色谱图。

采集完毕后，根据同样的方法，重复"单次分析"的步骤，对其他7个标准溶液和1个

图4-17　取样界面

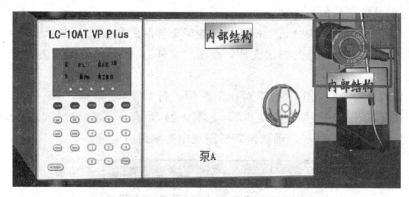

图 4-18 六通阀位置

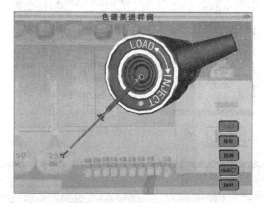

图 4-19 六通阀进样界面

未知溶液进行分析。

（6）数据处理

在工作站界面点击"再解析"图标，进入"LC 再解析"窗口。点击菜单栏"文件"，选择"打开"，打开"单次分析"得到的数据文件。点击"向导"图标，打开"化合物表向导"界面，如图 4-20 所示。设置化合物表，样品级别设置为 5。完成每个页面设置，点击"完成"按钮，此时即完成了对样品峰的积分、定性、定量标准的设定。点击"文件"，选择

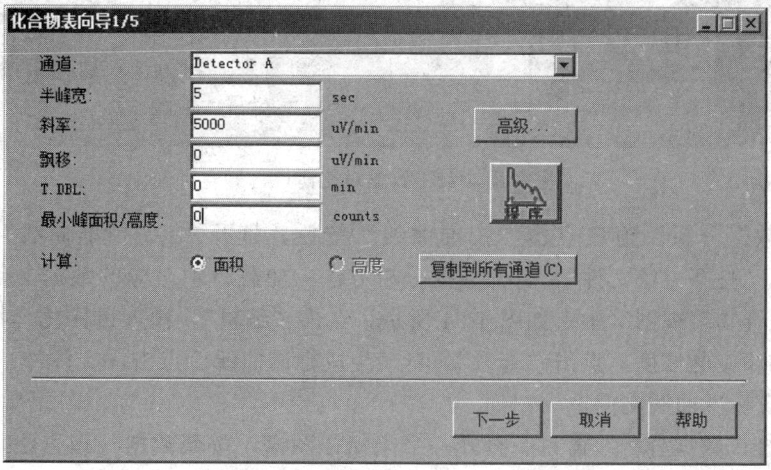

图 4-20 "化合物表向导"界面

"保存"，保存积分处理后的数据文件。

按照同样的方法对"单次分析"得到的其他标准样品的数据文件进行积分，并保存积分后的数据文件。对于混标样品的方法文件，点击"文件"，选择"另存方法文件"，保存数据分析的方法文件。

在"LC再解析"窗口点击"数据对比"图标，打开"LC数据比较"窗口。点击"文件"，选择"打开"下的"添加数据文件"，如图4-21所示。通过标准样品的单标图谱和未知样图谱对比，如图4-22所示。确认未知样图谱中待测组分的峰。

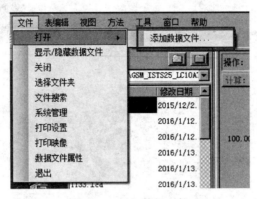

图4-21 添加数据文件

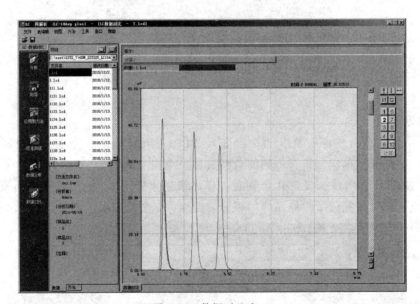

图4-22 数据对比窗口

在"LC数据分析"窗口点击"校准曲线"按钮，打开"LC校准曲线"窗口，点击"文件"，选择"打开方法文件"，打开数据分析方法，加载级别对应的数据文件，如图4-23所示。在"化合物表视图"中，如图4-24所示，点击"编辑"，输入目标化合物名称、其标准保留时间和相应的浓度，点击"查看"，自动生成标准曲线。点击"文件"，选择"另存方法文件"，保存标准曲线文件。

切换至"LC数据分析"窗口，打开一个未知样图谱，按照数据处理方法从"向导"开始进行数据积分。点击"文件"，选择"加载方法"，导入已经设定好的标准曲线方法文件。

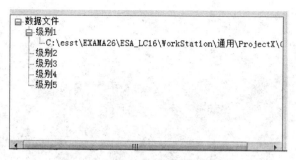

图 4-23　加载对应级别的数据文件

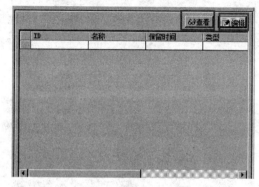

图 4-24　化合物表视图

未知样含量即被算出。点击"化合物表"中"结果标签"查看未知样含量。点击"文件"菜单中"数据另存为",保存分析好的未知样图谱。

（7）关机

从上往下关闭色谱系统,关闭工作站电脑电源。

（8）理论测试

点击主界面的"理论测试"图标,完成理论题。

1.2　高职组

高职组考核项目为"液相色谱与质谱联用仿真考核软件——虚拟样品的定性和定量测定"。

1.2.1　主界面

在程序加载完相关资源后,出现仿真操作主界面,如图 4-25 所示。

程序主场景左上是五个功能按钮,分别是实验总览、原理图、理论测试、理论知识、配制样品,其余是仿真操作区。仿真系统包括了以下模块:仿真现场操作模块、仿真工作站模块、实验总览模块、理论测试模块、单步操作提示模块、智能评价系统。

1.2.2　仿真操作（参数仅供参考）

（1）实验准备

点击主界面"实验总览"功能按钮,弹出实验总览窗口,如图 4-26 所示。点击"选取仪器",在选择实验仪器窗口中选择所需仪器及数量（25mL 安瓿瓶 12 个、20mL 移液枪 6 支）,如图 4-27 所示。

在实验总览窗口中点击"选取试剂",选择所需药品（全氟庚酸标准品、全氟辛酸标准品、全氟辛烷磺酸标准品、全氟壬酸标准品、全氟癸酸标准品、100%甲醇、5mmol/L 醋酸

图 4-25　液质联用仿真操作界面

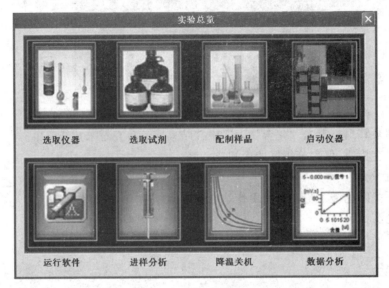

图 4-26　实验总览窗口

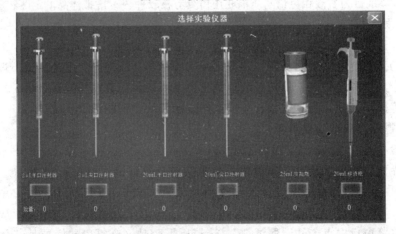

图 4-27　选择实验仪器窗口

铵水溶液、乙腈)，如图 4-28 所示。

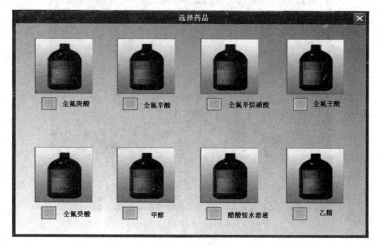

图 4-28　选择药品窗口

在实验总览窗口中点击"配置样品"，弹出配制样品界面，如图 4-29 所示。点击具体组分，在弹出的窗口中输入组分含量数值，回车确认，填完全部组分后点击"确定"，同样方法，配置剩余所有样品（具体浓度以评分系统提示为准）。配置完成，点击"返回"按钮，返回主界面。

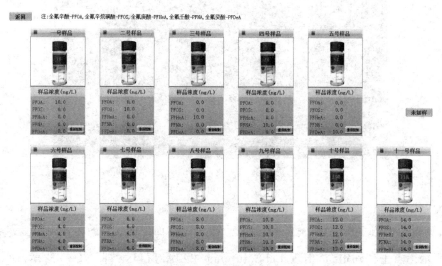

图 4-29　配置样品窗口

（2）启动仪器、运行工作站软件

点击场景中钢瓶位置，弹出载气氮气操作场景，如图 4-30 所示。根部阀逆时针为开，点击根部阀阀门右边的调节图标，将钢瓶根部阀打开（设计条件下每次开五度，需要点击十次）。载气减压阀门顺时针为开，点击载气减压阀门左边的调节图标（设计条件下每次开五度，需要点击十次），将载气输出压力调节到合适压力（参考压力：0.69～0.8MPa）。同样方法打开氩气，压力要求为 0.5MPa。

按照控制器、检测器、进样器、柱温箱、泵 A、泵 B、气质联用仪 LCMS 的顺序，依次打开设备电源开关，如图 4-31 所示。LCMS-8040 电源在仪器背面，点击仪器，弹出电源开

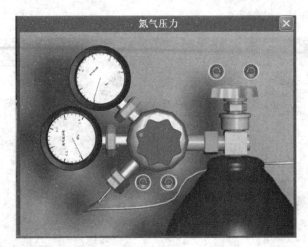

图 4-30　调节氮气压力窗口

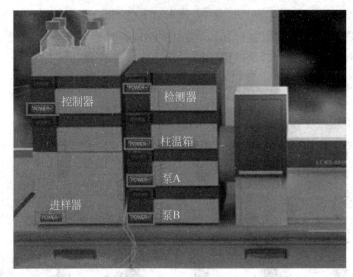

图 4-31　设备电源开关图

关窗口。

　　点击场景中电脑主机电源，打开电脑。点击电脑桌面上的  图标，弹出登录窗口，如图 4-32 所示。点击"确定"，出现 LabSolutions 主项目窗口，如图 4-33 所示。点击"LC-MS"图标，进入工作站（此界面不要关闭），如图 4-34 所示。

图 4-32　工作站登录窗口

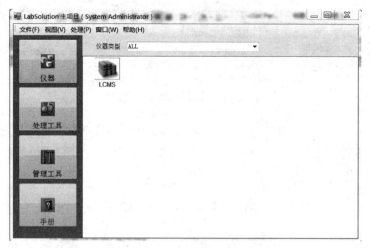

图 4-33　LabSolutions 主项目窗口

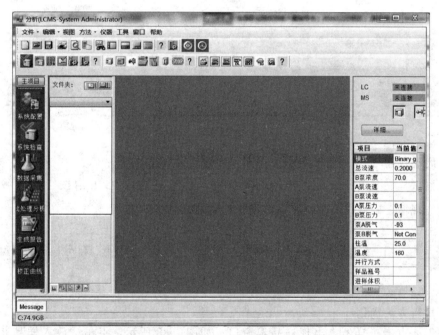

图 4-34　LCMS 工作站窗口

（3）创建方法

在工作站窗口中，点击助手栏中的"数据采集"图标，进入数据采集窗口。点击工具栏上的"新建"按钮，在仪器参数视图处，选择"高级"模式，如图 4-35 所示。点击"自动进样器"标签下的"检测样品架"。

在仪器参数视图处，选择"常规"模式，如图 4-36 所示。在"MS"标签下，设置结束时间为 12min。在"简单设置"标签下，设置 LC 结束时间为 0.5min，点击"应用到所有采集时间"按钮，选择"泵"的模式为"二元梯度"，总流速为 0.2mL/min，B 泵浓度为 70%，温度为 40℃。点击"下载"按钮将方法下载到仪器。

点击文件菜单，选择"方法文件另存为"保存方法。

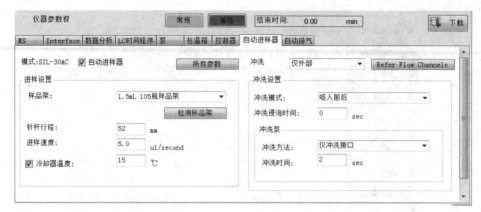

图 4-35　仪器参数视图"高级"模式

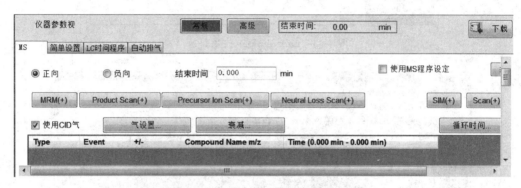

图 4-36　仪器参数视图"常规"模式

（4）启动仪器

在仪器工具栏（图 4-37）上点击仪器启动按钮▢，点击 IG 开启按钮▢，仪器启动，观察仪器监视器，确认仪器正常。点击质谱检测器开启按钮▢。

图 4-37　仪器工具栏

（5）执行方法优化

在主界面点击进样器，出现样品架窗口，如图 4-38 所示，点击"放入样品瓶"按钮，

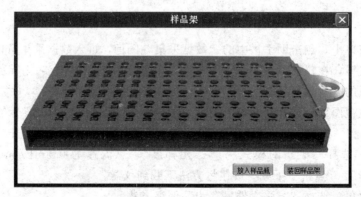

图 4-38　样品架窗口

配好的所有样品按顺序放入自动进样器。点击"装回样品架"。

仪器参数视图中的"常规"模式下，如图 4-39 所示，点击 MS 标签下 MRM(+) 新建 MRM（多反应监测）事件，建立五个新事件。

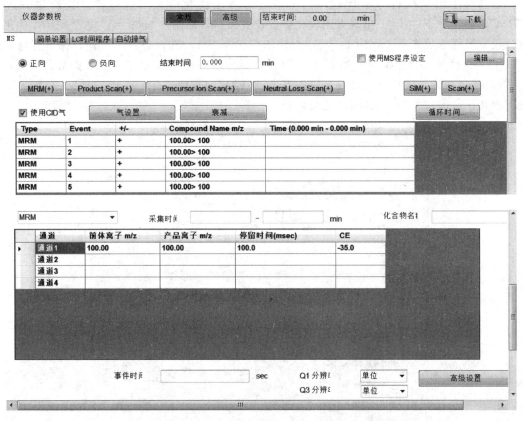

图 4-39　MRM 事件的采集时间和参数设置窗口

选中第一个事件，设置采集时间设置为 0～0.5min，设置"化合物名称"为 PFOA，设置通道 1 的前体离子 m/z 为 413，点击右下方"高级设置"按钮，弹出高级设置窗口，如图 4-40 所示。选择"Q1 预杆偏置"为"方法设置"，"Q3 预杆偏置"为"方法设置"，点击确定。在第一个事件上右键菜单中选择"设置相同采集时间"，在弹出对话框中点击"确定"。

重复本步骤，设置其他四个事件的相关参数，化合物名称和质荷比如下。事件一：全氟

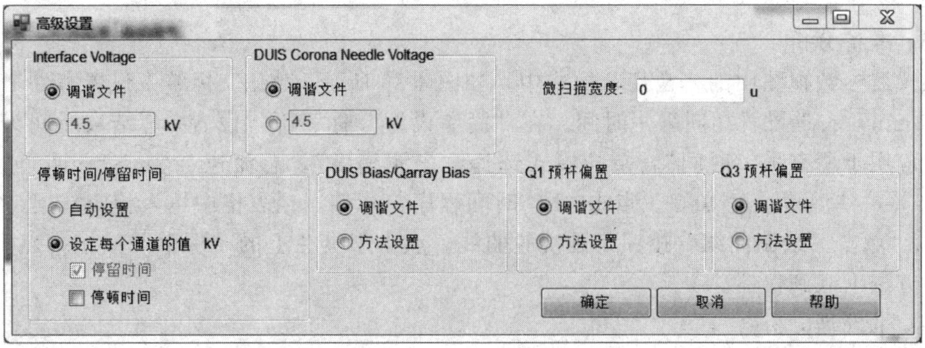

图 4-40　MRM 事件参数"高级设置"窗口

辛烷酸（PFOA），质荷比 413；事件二：全氟辛烷磺酸（PFOS），质荷比 499；事件三：全氟庚酸（PFHeA），质荷比 363；事件四：全氟壬酸（PFNA），质荷比 463；事件五：全氟癸酸（PFDeA），质荷比 513。

点击助手栏"执行方法优化"图标，进入方法优化界面，选择"寻找产物并优化 MRM"，点击"下一步"，出现方法优化参数设置窗口，如图 4-41 所示。设置 MRM 优化条件，设置进样瓶位置号 vial 为 1、2、3、4、5。点击"自动选择条件"按钮，弹出产物离子 m/z 自动选择条件设置窗口，如图 4-42 所示，设置"按峰强度顺序选择"的数值为 1，点击"确定"。在方法优化参数设置窗口中点击"开始"，开始优化，点击"是"，观察仪器监视器变化。点击"关闭"，关闭优化结果。

图 4-41　方法优化参数设置窗口

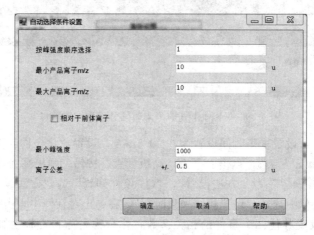

图 4-42　自动选择条件设置窗口

（6）准备分析

在仪器参数视图中的"常规"模式中，如图 4-39 所示，"MS"标签下设置事件 1 采集时间 0～8min，右键设置相同采集时间。在"简单设置"标签下，设置 LC 结束时间为 9min，点击"应用于所有采集时间"，泵的模式选择"二元梯度"，总流速 0.2mL/min，输液泵 B 浓度 35％，柱温箱温度 40℃。点击"LC 时间程序"标签，在表格中填入相应数据，如图 4-43 所示。点击"绘制曲线"按钮，画洗脱曲线。点击工具栏上的"保存"按钮，点"下载"按钮将方法下载到仪器。

（7）批处理分析

选择"方法"菜单中的"采用复合表更新 MRM 事件时间"。点左侧助手栏"主项目"，返回主助手栏，点击"批处理分析"，"编辑"菜单中的"表格简易设置"，弹出表格建议设

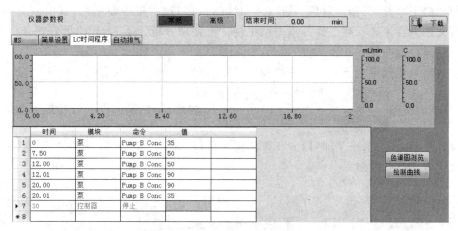

图 4-43 LC 程序时间表格

置窗口，如图 4-44 所示，填写数据，点击"确认"按钮。

图 4-44 表格建议设置窗口

在图 4-45 所示窗口中，点击"分析类型"列的第一行，在弹出"分析类型"窗口中勾选 MIT 和 MQT，然后点击"确定"，点击"分析类型"列的表头，会自动选中整列，点右

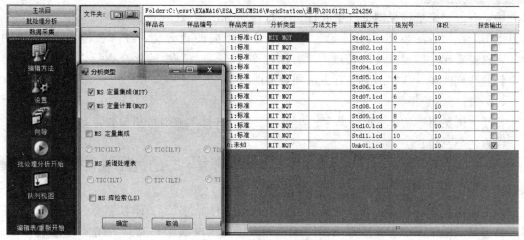

图 4-45 批处理分析窗口

键，选择"向下填充"。指定最后一行（未知样品），勾选"报告输出"。点击"文件"菜单中批处理文件另存为，保存文件。点击助手栏"批处理分析开始"，开始批处理分析。

（8）创建校准曲线

点击数据采集助手栏上的"数据处理"，弹出再解析窗口，点击助手栏的"批处理再解析"，在数据浏览器中选择分析结果文件（打开最下面的以日期命名的文件夹 Data 下第一个即可）。在方法视图窗口（图 4-46）中将视图模式切换到编辑模式，最大化方法视图窗口。

图 4-46　方法视图窗口

在定量处理标签下，校准级别改为 6，拟合类型直线，权重方法 $1/C^2$。在化合物标签下，输入事件一浓度 4、6、8、10、12、14。复制事件一浓度，粘贴到其他事件上。正常化方法视图窗口，选中事件一的"保留时间"，在事件一的色谱图上捕捉峰值，单击，会自动将保留时间填入选中的单元格。选中事件二的"保留时间"单元格，点击色谱图上方的"色谱"向右按钮，切换到事件二的色谱图，捕捉峰值，将保留时间填入对应单元格。重复步骤，将所有时间的保留时间填完整。点击"视图"模式，退出"编辑"模式，此时弹出一对话框，选择"是"。

点击助手栏的"应用于方法"，选择路径，并保存。在弹出的选择方法参数窗口中点击"确定"。

（9）定量分析

在主项目窗口，如图 4-33 所示，选择"处理工具"，双击浏览器图标，在打开的浏览器助手栏中选择"定量浏览器"，在数据管理器的子窗口中，选择"批处理"图标，将数据"Data"拖放到工作区，如图 4-47 所示，可查看定量结果。查看方法：点击"定量结果浏览"中的任意一行，如 Std10，在"色谱图浏览"中会调出相应的色谱图，在"方法视图-积分参数"中可以看到相应的化合物，在"校准曲线/质谱图"中，可以查看相应的校准曲线，点击"方法视图-积分参数"中的化合物行，可以查看对应化合物的校准曲线，质谱图的查看方法同校准曲线。

（10）打印汇总报告

打开"浏览器"的"主页"助手栏，点击"报告样式"查看分析报告，如图 4-48 所示。

（11）实验结束

在仪器工具栏（图 4-37）上点击泵开关按钮 停泵，点击仪器休眠按钮 ，使仪器休眠。

在主界面点击进样器，取出样品架，点击"取下样品瓶"。关闭控制器、检测器、进样器、柱温箱、输液泵 A、输液泵 B、LCMS 电源，关闭电脑工作站。关闭氮气钢瓶根部总阀、减压阀，关闭氩气钢瓶根部总阀、减压阀。

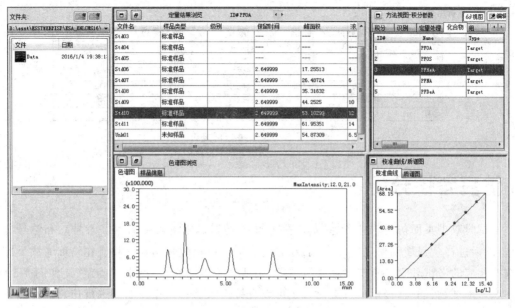

图 4-47　定量分析结果窗口

液质联用测定水中全氟化合物含量实验结果分析报告

分析员：　　　　　编　号：　　　　　分析时间：　2016/1/4 16:41:55

样品信息

样品名：

样品ID：

样品瓶号：　12

进样体积：　10

数据文件：

批处理文件：Unk01.lcd

样品架名：　1

级别：

色谱图：

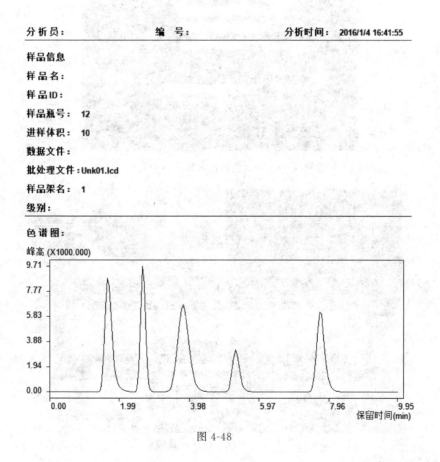

图 4-48

分析结果：

峰号	保留时间	面积	浓度	浓度单位	化合物名
1	1.649999	68.094	12.4	ng/L	PFHeA
2	2.649999	27.238	6.5	ng/L	PFOA
3	3.799998	54.475	15.3	ng/L	PFOS
4	5.300002	17.023	4.2	ng/L	PFDeA
5	7.700011	40.856	9.6	ng/L	PFNA
总计		207.686			

图 4-48　实验结果分析报告

2. 仿真考核分析

考试时双击桌面仿真软件图标 ，在图 4-49 的窗口中输入姓名（登录号）和学号（密码），然后选择"局域网模式"。软件启动之后，进入连接教师站的过程。在培训考核大厅窗口选择相应的考试教室，点击"连接"，再次确认"考生信息"，点击"确定"，如图 4-50 所示。进入考试题目 9 秒提示信息页面，也可以直接进入仿真操作界面，进行仿真操作。

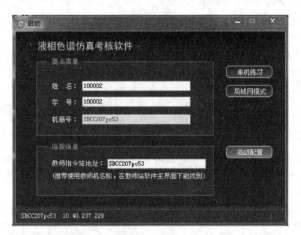

图 4-49　液相色谱仿真软件启动窗口

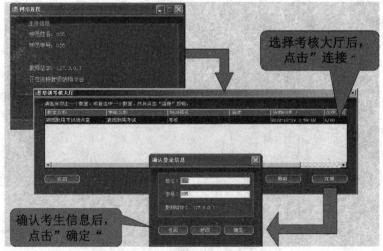

图 4-50　仿真软件连接教师站

在考试过程中可以随时点击"工艺"菜单——"当前信息总览",显示整套试卷题目信息,查看剩余时间。完成仿真操作后,点击"工艺"菜单——"提前交卷"按钮,即可提交成绩,在提前交卷对话框中选择"是"后成绩自动提交,如图4-51所示。

图 4-51　提前交卷对话框

3. 理论考核要点

表4-1为《化学检验工国家职业标准》(以下简称《职业标准》)中理论知识比重表。

表 4-1　理论知识比重表

项　　目		初级/%	中级/%	高级/%	技师/%	高级技师/%
基本要求	职业道德	5	5	3	2	2
	基础知识	40	35	22	23	23
相关知识	样品交接	5	2	2	—	—
	检验准备	14	17	13	—	—
	采样	10	7	—	—	—
	检测与测定	13	22	25	20	20
	测后工作	3	5	5	—	—
	安全实验	5	5	—	—	—
	养护设备	5	—	—	—	—
	修验仪器设备	—	2	10	10	—
	技术管理与创新	—	—	15	15	10
	培训与指导	—	—	5	5	10
	实验室管理	—	—	—	25	—
	实验室规划设计	—	—	—	—	15
	技术交流	—	—	—	—	5
	制定标准	—	—	—	—	5
	技术总结	—	—	—	—	10
合计		100	100	100	100	100

根据《职业标准》,中职部分综合中级工和高级工标准,高职部分综合高级工和技师标准,确定全国职业院校技能大赛工业分析检验赛项理论考核部分鉴定要素细目表(表4-2)。

表 4-2 鉴定要素细目表（理论部分）

鉴定项目	代码	鉴定范围	代码	鉴定内容	代码	代码	鉴定点
基础知识	A	职业道德	A	职业道德相关知识	A	A	化学检验工的职业守则的内容
						B	化学检验工的职业守则内涵
						C	社会主义行业道德的作用
				职业守则	B	A	化学检验工专业素质的内容
						B	化学检验工专业素质内容的内涵
						C	化验室人员的职业素质
		计量和标准化基础知识	B	法规性文件	A	A	标准法及实施条例
						B	计量法及实施细则
						C	法定计量单位定义
						D	产品质量法
				标准和标准化	B	A	标准的定义、分类与分级、代号与编号
						B	标准化的定义、特点、任务；贯彻标准的意义、原则、实施的方法
						C	国际标准化和国外先进标准
						D	制定和修订化工企业标准的程序、产品标准的组成部分和各部的主要内容、分析方法标准的组成
						E	采用国际标准和国外先进标准的程度划分、采用国际标准的原则、方法和步骤
		计量检定和法定计量单位	C	计量检定	A	A	计量检定中常用名词术语
						B	校准和检定的区别
						C	通用计量器具的范围
						D	检定和校验通用计量器具的原则
						E	计量器具的标识
				标准物质	B	A	标准物质的定义、标准物质的特征、标准物质的分类
						B	化学试剂中的标准物质的特征
						C	标准物质在分析测试中的应用、分析测试中选用标准物质的原则
						D	使用国产标准物质的注意事项
						E	使用进口标准物质的注意事项
				法定计量单位	C	A	国际单位制的构成，SI 基本单位的名称、单位、符号和定义，SI 导出单位的名称、单位和符号
						B	国家法定计量单位的名称、单位、符号和定义，分析中常用的量和法定计量单位的名称、单位、符号和定义及其书写方法
						C	法定计量单位的使用规则
						D	用于构成十进倍数和分数单位的常用词头及其正确使用

鉴定项目	代码	鉴定范围	代码	鉴定内容	代码	代码	鉴定点
基础知识	A	化学试剂	D	化学试剂的分类与用途	A	A	化学试剂的分类
						B	化学试剂的用途
						C	选用化学试剂的注意事项
						D	化学试剂的取用方法和注意事项
						E	液体试剂或溶液的取用方法
						F	化学试剂效能的简易判断方法
				标准试剂的分类、分级与用途	B	A	标准试剂的分类
						B	标准试剂的分级
						C	标准试剂的用途
				一般试剂的分级、标志、标签颜色及主要用途	C	A	一般试剂的分级
						B	一般试剂的标志
						C	一般试剂的标签颜色
						D	一般试剂的主要用途
		误差理论、数理统计基础知识、安全常识	E	误差理论	A	A	误差分类、来源及消除方法
						B	准确度和精密度
						C	误差和偏差
						D	不确定度、重复性临界极差和再现性临界极差的定义
						E	误差的计算方法
				分析数据处理	B	A	有效数字运算规则
						B	数值修约规则
						C	异常值的取舍（Q 检验法、G 检验法、）
						D	分析结果准确度检验（T 检验法、F 检验法）
						E	置信度和置信区间的确定
						F	线性回归方程的建立
						G	提高分析结果准确度的方法
				安全知识	C	A	实验室安全守则
						B	防火防爆知识
						C	化学毒物及中毒的初步救治
						D	电气安全知识
相关知识	B	滴定分析基础知识	A	酸碱滴定分析基础知识	A	A	酸平衡常数的表示
						B	碱平衡常数的表示
						C	影响酸的强弱因素
						D	影响碱的强弱因素
						E	一元弱酸溶液 pH 值的计算
						F	一元弱碱溶液 pH 值的计算

鉴定项目	代码	鉴定范围	代码	鉴定内容	代码	代码	鉴定点
相关知识	B	滴定分析基础知识	A	酸碱滴定分析基础知识	A	G	多元弱酸溶液 pH 值的计算
						H	多元弱碱溶液 pH 值的计算
						I	一元强酸弱碱盐的 pH 值计算
						J	一元强碱弱酸盐的 pH 值计算
						K	多元酸盐的 pH 值计算
						L	酸式盐的 pH 值计算
				氧化还原滴定分析基础知识	B	A	电池的记载方法
						B	金属电极的电位计算
						C	气体电极的电位计算
						D	金属及其难溶盐电极的电位计算
						E	氧化还原反应的方向判断
						F	对称性氧化还原平衡常数的计算
						G	影响氧化还原反应方向的因素
						H	影响氧化还原反应速度的因素
				配位滴定分析基础知识	C	A	氨羧配位剂的结构特征
						B	EDTA 的酸性
						C	EDTA 配位剂的特性
						D	配合物的逐级稳定常数
						E	影响配位平衡的主要因素
						F	EDTA 的酸效应系数的计算
				溶度积的应用知识	D	A	难溶化合物离子积的表示
						B	用溶解度计算难溶化合物的溶度积
						C	沉淀反应的方向判断
						A	影响沉淀反应方向的因素
						B	用溶度积计算难溶化合物的溶解度
						C	用溶度积判断不同型化合物沉淀顺序
		溶液理化特性	B	相平衡基础知识	A	A	相和相数的概念
						B	组分和组分数的概念
						C	相律的数学表示
						D	相平衡中杠杆规则的应用
				溶液知识的应用	B	A	稀溶液引起的蒸气压下降
						B	稀溶液引起蒸气压下降的计算
						C	稀溶液引起的沸点上升
						D	稀溶液引起沸点上升的计算
						E	稀溶液引起的凝固点下降
						F	稀溶液引起凝固点下降的计算
						G	分配定律
						H	分配定律的应用

鉴定项目	代码	鉴定范围	代码	鉴定内容	代码	代码	鉴定点
相关知识	B	溶液理化特性	B	表面现象和分散体系基础知识	C	A	分散度与比表面的概念
						B	表面张力与表面功的概念
						C	弯曲液面的附加压力概念
						D	固体表面的吸附作用
						E	物理吸附与化学吸附
						F	分散体系的概念
		化学反应基础	C	化学反应动力学基础知识	D	A	基元反应
						B	一级反应
						C	二级反应
						D	温度对反应速度的影响
						E	单相催化反应
专业知识	C	检验准备	A	准备实验室用水	A	A	实验室三级水的制备
						B	实验室三级水的检验
						C	实验室三级水的贮存
				常用玻璃仪器准备	B	A	常用玻璃仪器的名称、规格
						B	常用玻璃仪器的主要用途、洗涤方法
						C	常用玻璃仪器的选择和使用方法及使用注意事项
						D	常用瓷器皿的名称、规格
						E	常用瓷器皿的主要用途、洗涤方法
						F	常用瓷器皿的选择和使用方法及使用注意事项
				计量器具的使用	C	A	滴定管、容量瓶、移液管等的常用规格、主要用途
						B	滴定管、容量瓶、移液管洗涤方法、选择和使用方法、校准方法和使用注意事项
						C	台秤、电光分析天平、电子天平的基本构造、工作原理
						D	台秤、电光分析天平、电子天平的性能指标、选择和使用方法、使用注意事项和日常维护常识
				常用电气设备高压气瓶的使用与维护	D	A	常用电气设备基本构造、选择和使用方法、使用注意事项和日常维护常识
						B	气瓶内装气体的分类
						C	高压气瓶的标识
						D	减压阀的选择、安装和使用
						E	气瓶的存放及安全使用守则
				准备实验溶液	E	A	仪器分析用常见试验溶液的制备
						B	仪器分析用标准溶液的制备
						C	标准溶液的标定

鉴定项目	代码	鉴定范围	代码	鉴定内容	代码	代码	鉴定点
专业知识	C	检验准备	A	准备标准溶液	F	A	标准滴定溶液的贮存
						B	标准物质的贮存
						C	标准物质使用注意事项
						D	高锰酸钾标准滴定溶液的标定
						E	硫代硫酸钠标准滴定溶液的标定
						F	EDTA标准滴定溶液的标定
						G	硝酸银标准滴定溶液的标定
				校正值的计算	G	A	滴定管体积校正值的计算
						B	移液管体积校正值的计算
						C	分析天平校正值的计算
		化学分析法测定	B	酸碱滴定法	A	A	多元弱酸分步滴定判据的使用
						B	混酸滴定的应用
						C	混碱滴定的应用
						D	酸碱滴定误差
						E	酸碱质子理论
						F	非水酸碱滴定
				配位滴定法	B	A	配位滴定判据的使用
						B	配位滴定指示剂的选择依据
						C	干扰离子的判断
						D	消除配位干扰离子的方法
						E	配位滴定方式的应用
						F	两种共存金属离子的配位滴定
						G	配位滴定间接法的计算
						H	配位滴定终点误差
				氧化还原滴定法	C	A	用高锰酸钾法测定氧化性化合物
						B	高锰酸钾法的计算
						C	直接碘量法的应用
						D	间接碘量法的应用
						E	碘量法的计算
						F	共存物的氧化还原连续滴定
						G	共存物氧化还原连续滴定的注意事项
				沉淀滴定法	D	A	沉淀滴定法的分类
						B	莫尔法的基本原理、选择、应用
						C	法杨司法的基本原理、选择、应用
						D	佛尔哈德法的基本原理、选择、应用

鉴定项目	代码	鉴定范围	代码	鉴定内容	代码	代码	鉴定点
专业知识	C	仪器分析法测定	C	紫外-可见分光光度法	A	A	朗伯-比耳定律
						B	紫外-可见分光光度计仪器的结构
						C	紫外-可见分光光度法测定条件选择
						D	参比溶液的选择
						E	紫外-可见分光光度法定量方法
						F	紫外-可见分光光度计仪器的使用
				红外光谱法	B	A	红外光谱法原理
						B	仪器组成
						C	红外光谱定性
				原子吸收分光光度法	C	A	基本原理
						B	仪器组成
						C	分析线和元素灯电流的选择
						D	火焰原子化条件的选择
						E	干扰因素种类、消除
						F	原子化方法的选择
						G	光谱通带的选择
						H	原子吸收定量计算
						I	常见故障的判断
						J	操作注意事项
				电化学分析法	D	A	离子选择性电极的选择
						B	干扰离子引起的误差
						C	库仑分析的原理、仪器组成、特点、应用
						D	阳极溶出伏安的原理、仪器组成、定性定量
						E	电位溶出的原理、仪器组成、定性定量
				气相色谱法	E	A	气相色谱仪的基本流程
						B	流动相种类和流量的选择
						C	汽化室温度的选择
						D	柱及柱温的选择
						E	检测器的种类
						F	检测器温度的选择
						G	影响热导池检测器灵敏度的影响因素
						H	影响氢火焰检测器灵敏度的影响因素
						I	色谱图的术语
						J	分离度概念及应用
						K	气相色谱定性方法
						L	气相色谱定量方法
						M	气相色谱操作注意事项
						N	气相色谱常见故障的判断

鉴定项目	代码	鉴定范围	代码	鉴定内容	代码	代码	鉴定点
专业知识	C	仪器分析法测定	C	液相色谱法	F	A	液相色谱分离原理及分类
						B	液相色谱仪的基本流程
						C	液相色谱流动相的选择
						D	液相色谱柱的选择
						E	液相色谱检测器的种类及选择
						F	液相色谱操作注意事项
		工业分析	D	工业分析	A	A	水质分析
						B	煤和焦炭的分析
						C	气体分析
						D	石油产品分析
						E	硅酸盐分析
						F	钢铁分析
						G	化学肥料分析
				元素定量分析	B	A	有机化合物中活泼氢含量的测定
						B	有机化合物中卤素含量的测定
						C	有机化合物中硫含量的测定
						D	有机化合物中氮含量的测定
				有机官能团分析	C	A	醇羟基的测定方法
						B	羰基测定
						C	羧基和酰基的测定
						D	不饱和键的测定
						E	胺类化合物的测定
				无机定性分析	D	A	常见阳离子硫化物
						B	氢氧化物、氨化物、氯化物、硫酸盐的性质
						C	常见阳离子的分组和检验方法
						D	常见阴离子钡盐、银盐的性质
						E	常见阴离子的检验方法
		修验仪器设备	E	安装调试验收仪器设备	A	A	电光天平的结构组成
						B	酸度计的结构组成
						C	可见分光光度计的结构组成
						D	紫外分光光度计的结构组成
						E	电子天平的结构组成
						F	测汞仪的结构组成
						G	原子吸收光谱仪的结构组成
						H	气相色谱仪的结构组成
						I	分析天平的技术参数

鉴定项目	代码	鉴定范围	代码	鉴定内容	代码	代码	鉴定点
专业知识	C	修验仪器设备	E	安装调试验收仪器设备	A	J	酸度计的工作原理
						K	分光光度计的技术参数
						L	气相色谱仪的技术参数
						M	原子吸收光谱仪的工作原理
						N	气相色谱仪的工作原理
						O	测汞仪的工作原理
				排除仪器设备故障	B	A	电光天平的故障检修方法
						B	分光光度计的故障检修方法
						C	原子吸收原子化器的故障检修方法
						D	原子吸收灯光源故障检修方法
						E	酸度计的故障检修方法
						F	测汞仪的故障检修方法
						G	原子吸收进样系统的故障检修方法
						H	气相色谱仪进样系统的故障检修方法
						I	气相色谱仪检测器的故障检修方法
						J	气相色谱仪气路系统的故障检修方法

　　根据中职和高职部分对于题型、知识点所占分值、试题难度的不同要求，理论考核试卷从题库中按照鉴定要素细目表知识点分布抽出相关题目组成，因此，题目覆盖面较广，要求选手有扎实的基础知识、丰富的知识面。

4. 理论考核分析

　　理论考核采用机考形式进行，系统采用东方仿真公司的 ESRS 综合考试系统。选手考试时，点击桌面图标 进入选手登录界面，如图 4-52 所示，输入准考证号、选手密码，点击"提交"按钮进行登录。

　　如准考证号为 10000，密码为 10000，登录考试系统后出现如图 4-53 所示界面，确认考试信息无误后点击"确认考试"，出现如图 4-54 所示考试须知界面。查看考试须知，点击"进入理论考试"后进入考试界面。

　　进入考试界面后，选手根据题型要求进行答题，右下角有考试时间提醒，如图 4-55 所示。题目答过之后，该题颜色变为深色。若不变色，请重新选择。在未交卷之前，可以随时更改答案。

　　如在规定时间前完成答题，点击下方"交卷"按钮，如图 4-56 所示，即可完成考试。点击后出现对话框，如确认交卷点击"确认"，如为误操作，点击"取消"可以继续答题。

　　点击"确认"后，出现图 4-57 所示对话框，点击"确认"，完成交卷，出现如图 4-58所示"理论考试结束，您的答卷已经提交"，表示交卷成功。绝不允许直接关闭考试页面。如在规定时间内未完成答题，系统自动收卷。

北京东方仿真软件技术有限公司
Beijing East Simulation Software Technology Co.,Ltd.

综合考试平台系统

🔒 考生登录

准考证号 [　　　　　　　]

登录密码 [　　　　　　　]

[登陆]　　[重置]

北京东方仿真软件技术有限公司 版权所有

Email: support@besct.com Tel:010-64951832转8014 Site:http://www.besct.com
地址:北京朝阳区小关东里10号院润宇大厦610 邮编:100029

图 4-52　理论考试系统选手登录界面

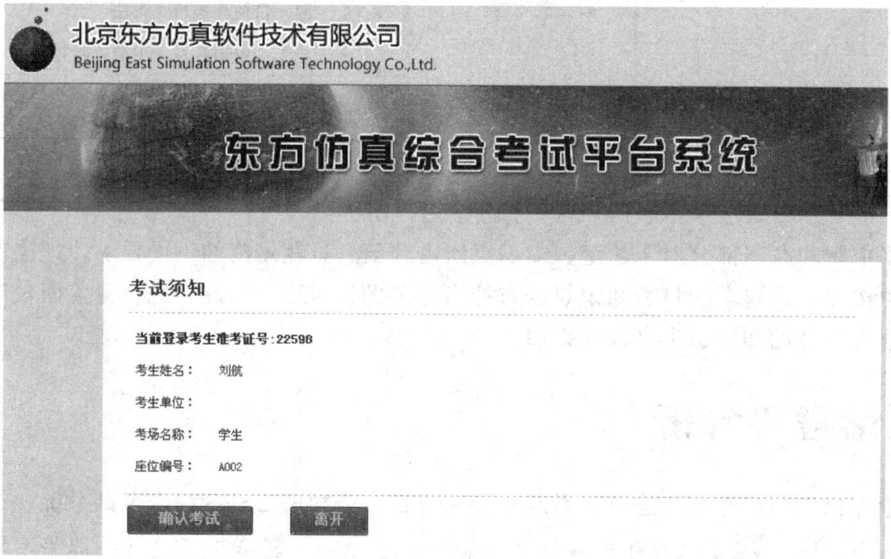

北京东方仿真软件技术有限公司
Beijing East Simulation Software Technology Co.,Ltd.

东方仿真综合考试平台系统

考试须知

当前登录考生准考证号:22598

考生姓名:　刘航

考生单位:

考场名称:　学生

座位编号:　A002

[确认考试]　　[离开]

图 4-53　理论考试系统确认选手信息界面

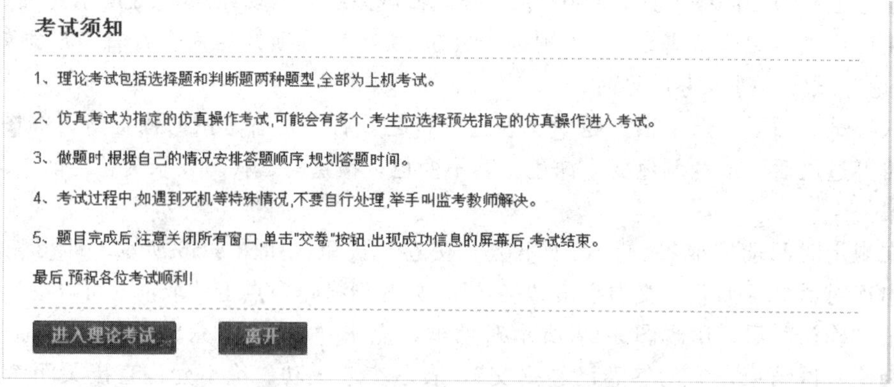

考试须知

1、理论考试包括选择题和判断题两种题型,全部为上机考试。

2、仿真考试为指定的仿真操作考试,可能会有多个,考生应选择预先指定的仿真操作进入考试。

3、做题时,根据自己的情况安排答题顺序,规划答题时间。

4、考试过程中,如遇到死机等特殊情况,不要自行处理,举手叫监考教师解决。

5、题目完成后,注意关闭所有窗口,单击"交卷"按钮,出现成功信息的屏幕后,考试结束。

最后,预祝各位考试顺利!

[进入理论考试]　　[离开]

图 4-54　理论考试系统考试须知界面

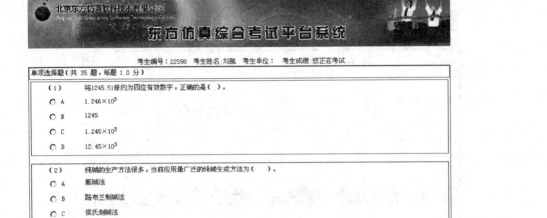

考生编号：22598　考生姓名：刘航　考生单位：　考生成绩：您正在考试...

单项选择题（共 35 题，每题 1.0 分）

（1）　将1245.51修约为四位有效数字，正确的是（　）。

○ A　1.246×10^3

○ B　1245

○ C　1.245×10^3

○ D　12.45×10^3

（2）　纯碱的生产方法很多，当前应用最广泛的纯碱生成方法为（　）。

○ A　氨碱法

○ B　路布兰制碱法

○ C　侯氏制碱法

○ D　其他方法

（3）　在Fe^{3+}、Al^{3+}、Ca^{2+}、Mg^{2+}的混合溶液中，用EDTA法测定Ca^{2+}、Mg^{2+}，要消除Fe^{3+}、Al^{3+}的干扰，最有效可靠的方法是（　）。

○ A　沉淀掩蔽法

○ B　配位掩蔽法

○ C　氧化还原掩蔽法

○ D　萃取分离法

欢迎您，刘航

总时间：	60 分钟
已使用：	00:14 分钟
还剩余：	59:46 分钟

图 4-55　理论考试系统考试界面

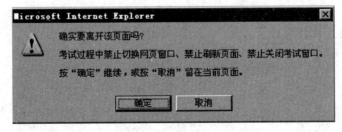

（25）　分析测定结果的偶然误差可通过适当增加平行测定次数来减免。（　）

正确 ○　　　错误 ○

（26）　膜电极中膜电位产生的机理不同于金属电极，电极上没有电子的转移。（　）

正确 ○　　　错误 ○

（27）　用法扬司法测定Cl^-含量时，以二氯荧光黄（$K_a=1.0 \times 10^{-4}$）为指示剂，溶液的pH值应大于4，小于10。（　）

正确 ○　　　错误 ○

（28）　火焰原子化法中常用的气体是空气－乙炔。（　）

正确 ○　　　错误 ○

（29）　用酸度计测定水样pH时，读数不正常，原因之一可能是仪器未用pH标准缓冲溶液校准。（　）

正确 ○　　　错误 ○

（30）　配制好的$KMnO_4$溶液要盛放在棕色瓶中保护，如果没有棕色瓶应放在避光处保存。（　）

正确 ○　　　错误 ○

交卷

图 4-56　理论考试系统交卷界面

Microsoft Internet Explorer　　　　　　　　　　✕

⚠ 确实要离开该页面吗？

考试过程中禁止切换网页窗口、禁止刷新页面、禁止关闭考试窗口。

按"确定"继续，或按"取消"留在当前页面。

确定　　　取消

图 4-57　理论考试系统离开对话框

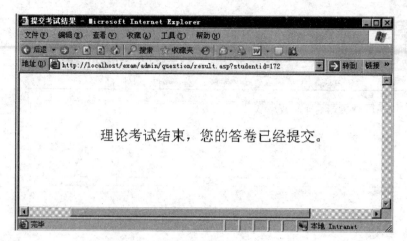

图 4-58　理论考试系统交卷成功界面

如在考试过程中出现异常情况，可与考场的系统管理员联系。

第五章

化学分析操作考核指南

化学分析操作的主要内容有玻璃量器的使用，实际操作方法，操作的规范性和操作的组合流畅性等方面。

1. 玻璃量器和使用注意事项

1.1 玻璃量器

化学分析操作中使用的主要玻璃仪器有：

50mL 滴定管（棕色，聚四氟材料制）1 根；容量瓶：250mL 5 个；移液管：25mL 1 支；小烧杯：100mL 5 个；玻璃棒：5 根；锥形瓶：300mL 9 个。

1.2 使用注意事项

这里就主要的玻璃量器包括滴定管、容量瓶和移液管的使用注意事项进行说明。

1.2.1 滴定管

（1）滴定管的校正

滴定管需进行体积校正。滴定管采用绝对校正方法校正。校正滴定管的步骤如下：

① 清洗：将滴定管、具塞锥形瓶用铬酸洗液清洗后，应不挂水珠，将具塞锥形瓶晾干或烘干，备用。

② 滴定管、具塞锥形瓶、蒸馏水置于实验室内，使其与室温一致。

③ 称量具塞锥形瓶空瓶质量。

④ 测量水温，并将蒸馏水注入滴定管内最高标线处（管尖嘴内不得有气泡），调节至 0.00 刻度，记下度数，按滴定时常用的速度，将一定体积的水放入已经称量好的锥形瓶中，注意勿将水沾在瓶口上，盖紧盖子，在分析天平上称出"瓶＋水"的质量。两次质量之差即为放出水的质量，测定当时水的温度，查表计算出此段水的真实体积。

⑤ 滴定管重新装水至 0.00 刻度，再放至另一体积的水至锥形瓶中，称量"瓶＋水"的

质量，测定当时水的温度，查表计算出此段水的真实体积。继续检定至 0 到最大刻度的体积，计算真实体积。

⑥ 重复校正一次。两次相应的校正差不应大于 0.01mL。求出其平均值作为各个体积处的校准值，以读数为横坐标，校准值为纵坐标，画出校准值曲线图。

（2）试漏

滴定管使用之前需进行试漏。

（3）滴定管的润洗

为了使标准滴定溶液的浓度不发生变化，滴定管装入标准滴定溶液前应先用待装标准滴定溶液润洗 3 次。

（4）滴定管尖气泡的检查及排除

滴定管充满标准滴定溶液后，应检查滴定管下部尖嘴部分是否充满溶液，是否留有气泡。若有气泡，必须排除。

（5）调零点

滴定前要先调零点。滴定之前再复核一下零点。

（6）读数

滴定管读数要正确。读数必须读至小数点后第二位。

1.2.2 容量瓶

（1）容量瓶的校正

容量瓶和移液管做相对体积校正。容量瓶与移液管的相对校准方法如下：用 25mL 移液管吸取去离子水注入洁净并干燥的 250mL 容量瓶中（操作时切勿让水碰到容量瓶的磨口）。重复 10 次，然后观察溶液弯月面下缘是否与刻度线相切，若不相切，另做新标记，经相互校准后的容量瓶与移液管均做上相同记号，可配套使用。

（2）容量瓶的检查

容量瓶使用之前应检查是否漏水，如不漏水，方可使用。

（3）溶液的配制

① 转移：将所需配制溶液定量转移到容量瓶中。注意定量转移溶液时，动作要规范，洗涤要充分，以保证完全定量转移。

② 平摇：然后加入水至容量瓶的 2/3 或 3/4 容积时，应平摇，使溶液初步混匀。

③ 定容：定容要准确。

④ 混匀：摇匀要充分，以使瓶内溶液充分混匀。

1.2.3 移液管

（1）移液管的润洗

移液管要润洗 3 次以上，以免转移的溶液被稀释。

（2）移取溶液

移液管经润洗后，移取溶液时，不要吸空，注意动作要熟练，不要重吸。移取溶液不能从原瓶中移取，以防污染原瓶的溶液。放溶液动作要规范。

2. 技能操作考核要点

2.1 对操作的要求

化学分析操作中玻璃量器的考核主要是针对滴定管、容量瓶和移液管的使用。

2.1.1 滴定管

（1）滴定管操作的基本要求

① 滴定管的洗涤：滴定管洗涤要干净。

洗涤方法为滴定管的外侧可用洗洁精或肥皂水刷洗，管内无明显油污的滴定管可直接用自来水冲洗，或用洗涤剂泡洗，但不可刷洗，以免划伤内壁，影响体积的准确测量。若有少量的污垢可装入约 10mL 洗液，先从下端放出少许，然后用双手平托滴定管的两端，不断转动滴定管，使洗液润洗滴定管内壁，操作时管口对准洗液瓶口，以防洗液洒出。洗完后将洗液从上口倒入洗液回收瓶中。如果滴定管太脏，可将洗液装满整根滴定管浸泡一段时间。将洗液从滴定管彻底放净后，用自来水冲洗、再用蒸馏水洗净。洗净后的滴定管内壁应被水均匀润湿而不挂水珠，否则需重新洗涤。

② 滴定管的试漏：滴定管进行正确试漏。

试漏的方法是将滴定管用水充满至"0"刻线附近，然后夹在滴定管夹上，用滤纸将滴定管外壁擦干，静置 1～2min，检查管尖及活塞周围有无水渗出，然后将活塞转动 180°，重新检查。

③ 滴定管的润洗：滴定管的润洗方法正确。

滴定管装入标准滴定溶液前应先用待装标准滴定溶液润洗 3 次。

润洗的方法是先将试剂瓶中的溶液摇匀，向滴定管中加入 10～15mL 待装标准滴定溶液，先从滴定管下端放出少许，然后双手平托滴定管的两端，边转动滴定管，边使溶液润洗滴定管整个内壁，最后将溶液全部放出。重复 3 次。

④ 滴定过程：滴定速度适当，终点控制要熟练。

滴定时要观察滴落点周围颜色的变化，不要去看滴定管上的刻度变化。

滴定速度的控制方面，一般开始时，滴定速度可稍快，这时为 10mL/min，即每秒 3～4 滴。接近终点时，应改为一滴一滴加入，最后加半滴，直至溶液出现明显的颜色变化为止。

⑤ 调零和读数：读数应正确。

每次滴定最好从 0.00 开始，这样可减少滴定误差。

读数应正确。读数一般应遵守下列原则：

a. 读数时应将滴定管从滴定管架上取下，用右手拿住滴定管上部无刻度处，使滴定管自然垂直，然后再读数。

b. 对于无色或浅色溶液，读数时，视线与弯月面下缘最低点相切，即视线应与弯月面下缘实线的最低点在同一水平面上，如图 5-1 所示。对于深色溶液（$KMnO_4$ 等），其弯月面是不够清晰的，读数时，视线应与液面两侧的最高点相切，如图 5-2 所示。

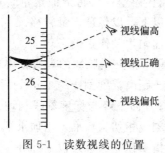

图 5-1　读数视线的位置

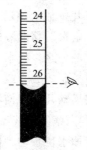

图 5-2　深色溶液的读数

c.为便于读数准确，在滴定管装入或放出溶液后，必须等1~2min，使附着在内壁的溶液流下来后，再进行读数。如果放出溶液的速度较慢（如接近化学计量点时），那么可等0.5~1min后，即可读数。每次读前都要检查一下管内壁是否挂水珠，滴定管的出口尖嘴处是否有液滴，是否有气泡。

d.读数必须读至小数点后第二位，即要求估计到0.01mL。

（2）滴定终点的判断

根据操作方案，滴定终点应出现明显的变化，即终点颜色为突变，既不要滴不到，也不应过量。

2.1.2 容量瓶

容量瓶操作的基本要求如下：

（1）容量瓶洗涤：容量瓶洗涤洗涤要干净

洗净后的容量瓶要求倒出水后，内壁不挂水珠，否则需重新洗涤。

（2）容量瓶的试漏：容量瓶要进行正确试漏

检查瓶塞是否漏水的方法如下：加水至标度刻线附近，盖好瓶塞后用滤纸擦干瓶口。然后，用左手食指按住塞子，其余手指拿住瓶颈标线以上部分，右手用3个指尖托住瓶底边缘，如图5-3（b）所示。将瓶倒立2min以后不应有水渗出（可用滤纸片检查），如不漏水，将瓶直立，转动瓶塞180°后，再倒立2min检查，如不漏水，方可使用。

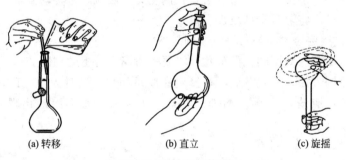

(a) 转移   (b) 直立   (c) 旋摇

图5-3　容量瓶的使用

（3）定量转移溶液：转移动作规范

将所需配制溶液定量转移到容量瓶中。定量转移溶液时，右手将玻璃棒悬空伸入瓶口中1~2cm，玻璃棒的下端应靠在瓶颈内壁上，但不能碰容量瓶的瓶口。左手拿烧杯，使烧杯嘴紧靠玻璃棒（烧杯离容量瓶口1cm左右），使溶液沿玻璃棒和内壁流入容量瓶中，如图5-3（a）所示。烧杯中溶液流完后，将烧杯沿玻璃棒稍微向上提起，同时使烧杯直立，待竖直后移开。将玻璃棒放回烧杯中，不可放于烧杯尖嘴处，也不能让玻璃棒在烧杯滚动，可用左手食指将其按住。然后，用洗瓶吹洗玻璃棒和烧杯内壁，再将溶液定量转入容量瓶中。如此吹洗、定量转移溶液的操作，一般应重复5次以上，以保证定量转移。

（4）定容：三分之二处水平摇动准确，稀释至刻线摇匀，动作正确

加入水至容量瓶的2/3或3/4容积时，用右手食指和中指夹住瓶塞的扁头，将容量瓶拿起，按同一方向摇动几周，使溶液初步混匀。继续加水至距离标度刻线约1cm处后，等1~2min使附在瓶颈内壁的溶液流下后，再用洗瓶加水至弯月面下缘与标度刻线相切。无论溶液有无颜色，其加水位置均为使水至弯月面下缘与标度刻线相切为标准。当加水至容量瓶的标度刻线时，盖上瓶塞，用左手食指按住塞子，其余手指拿住瓶颈标线以上部分，而用右手

的 3 个指尖托住瓶底边缘，如图 5-3（b）所示，然后将容量瓶倒转，使气泡上升到顶，旋摇容量瓶混匀溶液，如图 5-3（c）所示。再将容量瓶直立起来，又再将容量瓶倒转，使气泡上升到顶部，旋摇容量瓶混匀溶液。如此反复 10～15 次，使瓶内溶液充分混匀。

2.1.3 移液管

（1）移液管洗涤：洗涤干净

如不干净可用洗液洗涤，再用自来水和蒸馏水洗净。

（2）移液管润洗：润洗方法正确

应用滤纸把管尖端内外的水吸尽，然后用待移取溶液润洗 3 次，以免转移的溶液被稀释。方法是：先从试剂瓶中倒出溶液至一干燥的小烧杯中，然后用左手持洗耳球，将食指或拇指放在洗耳球的上方，其余手指自然地握住洗耳球，用右手的拇指和中指拿住移液管或吸量管标线以上的部分，无名指和小指辅助拿住移液管，如图 5-4 所示，将管尖伸入小烧杯的溶液中吸取，待吸液吸至球部的 1/4～1/3 处（注意：勿使溶液流回，即溶液只能上升不能下降，以免稀释溶液）时，立即用右手食指按住管口并移出。将移液管横过来，用两手的拇指及食指分别拿住移液管的两端，边转动边使移液管中的溶液浸润内壁，当溶液流至标度刻线以上且距上口 2～3cm 时，将移液管直立，使溶液由尖嘴放出、弃去。如此反复润洗 3 次。

（3）吸溶液：不吸空不重吸

移液管经润洗后，移取溶液时，将移液管直接插入待吸液面下 1～2cm 处。管尖不应伸入太浅，以免液面下降后造成吸空；也不应伸入太深以免移液管外部附有过多的溶液。吸液时，应注意容器中液面和管尖的位置，应使管尖随液面下降而下降。当洗耳球慢慢放松时，管中的液面徐徐上升，当液面上升至标线以上，迅速移去洗耳球。

（4）调刻线：调刻线前擦干外壁，调节液面操作熟练

与此同时，用右手食指堵住管口，并将移液管往上提起，使之离开小烧杯，用滤纸擦拭管的下端伸入溶液的部分，以除去管壁上的溶液。左手改拿一干净的小烧杯，然后使烧杯倾斜成 30°，其内壁与移液管尖紧贴，停留 30s 后右手食指微微松动，使液面缓慢下降，直到视线平视时弯月面与标线相切，这时立即将食指按紧管口。

（5）放溶液：①移液管竖直；②移液管尖靠壁；③放液后停留约 15s

移开小烧杯，左手改拿接受溶液的容器，并将接收容器倾斜，使内壁紧贴移液管尖，成 30°左右。然后放松右手食指，使溶液自然地顺壁流下，如图 5-5 所示。待液面下降到管尖后，等 15s 左右，然后移开移液管放在移液管架上。这时，尚可见管尖部位仍留有少量溶液，对此，除特别注明"吹"字的以外，一般此管尖部位留存的溶液是不能吹入接收容器中的，因为在工厂生产检定移液管时是没有把这部分体积算进去的。

图 5-4 吸取溶液的操作

图 5-5 放出溶液的操作

2.2 对溶液和试剂使用要求

溶液和试剂按照标准和竞赛要求进行配制，具体见本书相关内容。使用时按照竞赛方案取用量要正确，加入顺序按照竞赛要求进行。使用时不要污染原瓶溶液。需要放入干燥器的试样，用毕立即放入干燥器。

3. 技能考核分析

3.1 操作容易出现的问题分析

（1）称量超过范围

基准物和样品的称量应在一定的称量范围内。称量时要按照方案算出称量范围，称量需注意细节且应熟练。

（2）容量瓶定容不准

操作时不要紧张，找到容量瓶刻度线，按照要求用滴管定容。

（3）移液管进原瓶移取试液

移液管不能进原瓶移取试液，应将待移取试液倒入干净的小烧杯中按要求移取试液。

（4）滴定过程中滴定速度过快

滴定过程要注意滴定速度适当，一般为 3~4 滴/s。

（5）滴定终点判断要正确

按照方案要求，仔细观察滴定过程中溶液颜色的变化，找到颜色突变的这一点。

（6）滴定管读数不正确

滴定管读数要正确，按照滴定管读数的要求和原则看好读数，再记录。

（7）记录数据不正确

注意及时正确记录数据。

3.2 对试剂使用容易出现的问题分析

（1）称量液体时天平跳数

竞赛中称取液体试样时，有的选手在称量过程中天平容易跳数，这往往由于选手没有注意称量细节，滴管在使用过程中不应触碰滴瓶的磨口，否则容易出现天平跳数问题。

（2）指示剂问题

指示剂应按照方案要求进行添加，注意用量正确，试剂按照要求使用。

第六章

仪器分析操作考核指南

仪器分析操作考核主要考核选手对仪器分析方法的使用，对微量样品的分析能力，对分析仪器使用的熟练程度，对数据处理的能力。

1. 玻璃量器和使用注意事项

1.1 玻璃量器

在仪器分析操作考核项目中使用的主要玻璃仪器是容量瓶和吸量管。

1.2 使用注意事项

1.2.1 容量瓶的使用

（1）容量瓶的试漏

加水至标度刻线附近，盖好瓶塞后用滤纸擦干瓶口。然后，用左手食指按住塞子，其余手指拿住瓶颈标线以上部分，右手用 3 个指尖托住瓶底边缘。将瓶倒立 2min 以后不应有水渗出（可用滤纸片检查），如不漏水，将瓶直立，转动瓶塞 180°后，再倒立 2min 检查，如不漏水，方可使用。

（2）容量瓶的洗涤

洗净的容量瓶也要求倒出水后，内壁不挂水珠。否则必须用洗涤液洗。可用合成洗涤剂浸泡或用洗液浸洗。用铬酸洗液洗时，先尽量倒出容量瓶中的水，倒入 10～20mL 洗液，转动容量瓶使洗液布满全部内壁，然后放置数分钟，将洗液倒回原瓶。再依次用自来水、蒸馏水洗净。

（3）稀释溶液

用吸量管移取一定体积的溶液于容量瓶中，然后加入水至容量瓶的 3/4 左右容积时，用右手食指和中指夹住瓶塞的扁头，将容量瓶拿起，按同一方向摇动几周，使溶液初步混匀。继续加水至距离标度刻线约 1cm 处后，等 1～2min 使附在瓶颈内壁的溶液流下后，再用洗瓶加水至弯月面下缘与标度刻线相切。当加水至容量瓶的标度刻线时，盖上瓶塞，用左手食指按住塞子，其余手指拿住瓶颈标线以上部分，而用右手的 3 个指尖托住瓶底边缘，如图 6-1 所示，然后将容量瓶倒转，使气泡上升到顶，旋摇容量瓶混匀溶液，如图 6-2 所示。再将容量瓶直立过来，又再将容量瓶倒转，使气泡上升到顶部，旋摇容量瓶混匀溶液。如此反复 10～15 次（注意：每摇几次应将瓶塞微微提起并旋转 180°，然后塞上再摇）。

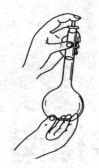
图 6-1　容量瓶的直立

图 6-2　容量瓶的旋摇

（4）容量瓶的绝对校正

将洗涤合格，并倒置沥干的容量瓶放在天平上称量。取蒸馏水充入已称重的容量瓶中至刻度，称量并测水温（准确至 0.5℃）。根据该温度下的密度，计算真实体积。

例如，20℃时，称得 100mL 容量瓶的质量为 75.3117g，取蒸馏水充入已称重的容量瓶中至刻度，称得容量瓶和水的质量为 175.0198 g，计算 100mL 容量瓶的体积（20℃时的密度为 0.99718g/mL）。

$$V = \frac{m_2 - m_1}{\rho} = \frac{175.0198 - 75.3117}{0.99718} = 99.99007(\text{mL}) \approx 99.99(\text{mL})$$

1.2.2　吸量管的使用

（1）吸量管的洗涤

用洗耳球将洗液慢慢吸至管容积 1/3 处，用食指按住管口，将吸量管横过来，用两手的拇指及食指分别拿住吸量管的两端，转动吸量管并使洗液布满全管内壁，将洗液倒出。依次用自来水和蒸馏水洗净。

（2）吸量管润洗

移取溶液前，可用滤纸将洗干净的吸量管的尖端内外的水除去，然后用待移取溶液润洗 3 次。方法是：先从试剂瓶中倒出少许溶液至小烧杯中，然后用左手持洗耳球，将食指或拇指放在洗耳球的上方，其余手指自然地握住洗耳球，用右手的拇指和中指拿住吸量管标线以上的部分，无名指和小指辅助拿住吸量管，将管尖伸入小烧杯的溶液中进行吸取，待吸液至管容积 1/3 处时，立即用右手食指按住管口并移出。将吸量管横过来，用两手的拇指及食指分别拿住吸量管的两端，边转动边使吸量管中的溶液浸润内壁，当溶液流至标度刻线以上且距上口 2～3cm 时，将吸量管直立，使溶液由尖嘴放出、弃去。如此反复润洗 3 次。

（3）移取溶液

吸量管经润洗后，移取溶液时，将吸量管直接插入待吸液面下 1～2cm 处。管尖不应伸入太浅，以免液面下降后造成吸空；也不应伸入太深以免吸量管外部附有过多的溶液。吸液时，应注意容器中液面和管尖的位置，应使管尖随液面下降而下降。当洗耳球慢慢放松时，管中的液面徐徐上升，当液面上升至标线以上 5mm（不可过高、过低）时，迅速移去洗耳球。与此同时，用右手食指堵住管口，并将吸量管往上提起，使之离开小烧杯，用滤纸擦拭管的下端伸入溶液的部分，以除去管壁上的溶液。左手改拿一干净的小烧杯，然后使烧杯倾斜成 30°，其内壁与吸量管尖紧贴，停留 30s 后右手食指微微松动，使液面缓慢下降，直到视线平视时弯月面与标线相切，这时立即将食指按紧管口。移开小烧杯，左手改拿接受溶液的容器，并将接收容器倾斜，使内壁紧贴吸量管尖。然后放松右手食指，使溶液自然地顺壁流下。

（4）吸量管的绝对校正

将吸量管洗净至内壁不挂水珠，取具塞锥形瓶，擦干外壁、瓶口及瓶塞，称量。按吸量管使用方法量取已测温的蒸馏水，放入已称重的锥形瓶中，在分析天平上称量盛水的锥形瓶，计算在该温度下的真实体积。

例如，20℃时，称得具塞锥形瓶的质量为 56.1446g，用 10mL 吸量管量取蒸馏水，放入已称重的锥形瓶中，称得锥形瓶和水的质量为 66.1171g，计算 10mL 吸量管的体积（20℃时的密度为 0.99718g/mL）。

$$V = \frac{m_2 - m_1}{\rho} = \frac{66.1171 - 56.1446}{0.99718} = 10.0007(\text{mL}) \approx 10.00(\text{mL})$$

（5）容量瓶和吸量管的相对校正

用洗净的 10mL 吸量管吸取蒸馏水，放入洗净沥干的 100mL 容量瓶中，平行移取 10 次，观察容量瓶中水的弯月面下缘是否与标线相切，若正好相切，说明吸量管与容量瓶体积的比例为 1:10；若不相切，表示有误差，记下弯月面下缘的位置，待容量瓶沥干后再校准一次；连续两次实验相符后，用一平直的窄纸条贴在与弯月面相切之处，并在纸条上刷蜡或贴一块透明胶布以此保护此标记。以后使用的容量瓶与吸量管即可按所贴标记配套使用。

2. 技能操作考核要点

2.1　对操作的要求

2.1.1　容量瓶的使用

容量瓶是否试漏、容量瓶的定容是否准确。

2.1.2　吸量管的使用

吸量管的洗涤、润洗、移取溶液的操作是否准确和规范。

2.1.3　比色皿的使用

比色皿的拿法是否准确、溶液的多少是否合适、比色皿的配套性是否检验。

2.1.4　定性分析

波长的范围是否正确、吸收曲线绘制是否正确、定性结果是否正确。

（1）吸收曲线的绘制

水杨酸、1，10-菲罗啉、磺基水杨酸、苯甲酸、维生素 C、山梨酸、硝酸盐氮、糖精钠 8 种物质的吸收曲线的绘制。

将标准贮备溶液和未知液配制成约为一定浓度的溶液：水杨酸（10μg/mL）、1，10-菲罗啉（2μg/mL）、磺基水杨酸（10μg/mL）、苯甲酸（10μg/mL）、维生素C（10μg/mL）、山梨酸（2μg/mL）、硝酸盐氮（10μg/mL）、糖精钠（5μg/mL）。以蒸馏水为参比，于波长200～350nm范围内测定溶液吸光度，并作吸收曲线。根据吸收曲线的形状确定未知物，并从曲线上确定最大吸收波长作为定量测定时的测量波长。

① 绘制苯甲酸吸收曲线的浓度约为10μg/mL。例如，1mg/mL苯甲酸标准贮备溶液稀释100倍后浓度为10μg/mL。可以用吸量管吸取1mL标准贮备溶液于100mL容量瓶中，稀释至刻度，稀释100倍；也可以用胶头滴管吸取溶液，滴入大约25滴溶液于100mL烧杯中，大约稀释100倍。用配制好的溶液进行定性分析。

由图6-3中可以看出苯甲酸有一个吸收峰，最大波长为224nm。由于仪器和溶液之间存在着误差，最大波长会在224nm附近上下波动1～2nm。

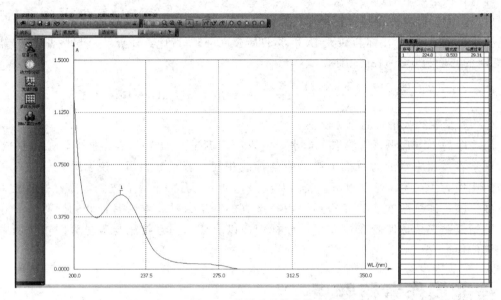

图6-3　苯甲酸吸收曲线

② 绘制水杨酸吸收曲线的浓度约为10μg/mL。溶液稀释和配制方法同苯甲酸溶液。

由图6-4可以看出水杨酸有三个吸收峰，由于203nm在紫外光区200～400nm的边缘区域，误差较大，所以选择第二个次峰作为最大波长，最大波长为231nm。由于仪器和溶液之间存在着误差，最大波长会在231nm附近上下波动1～2nm。

③ 绘制1，10-菲罗啉吸收曲线的浓度约为2μg/mL。溶液稀释和配制方法同苯甲酸溶液。

由图6-5可以看出1，10-菲罗啉有两个吸收峰，最大波长为229nm。由于仪器和溶液之间存在着误差，最大波长会在229nm附近上下波动1～2nm。

④ 绘制磺基水杨酸吸收曲线的浓度约为10μg/mL。溶液稀释和配制方法同苯甲酸溶液。

由图6-6可以看出磺基水杨酸有三个吸收峰，由于208nm在紫外光区200～400nm的边缘区域，误差较大，所以选择第二个次峰作为最大波长，最大波长为235nm。由于仪器和溶液之间存在着误差，最大波长会在235nm附近上下波动1～2nm。

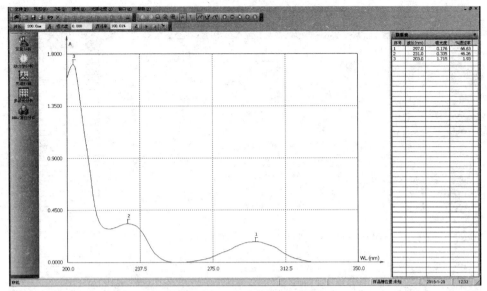

图 6-4   水杨酸吸收曲线

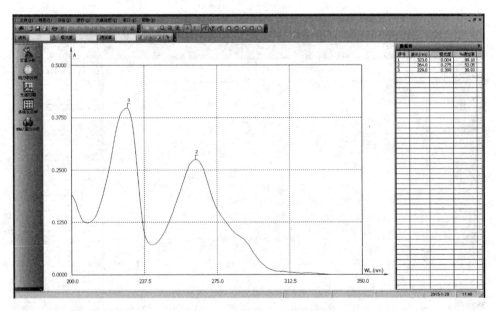

图 6-5   1，10-菲罗啉吸收曲线

⑤ 绘制维生素 C 吸收曲线的浓度约为 $10\mu g/mL$。溶液稀释和配制方法同苯甲酸溶液。

由图 6-7 可以看出维生素 C 有一个吸收峰，最大波长为 267nm。由于仪器和溶液之间存在着误差，最大波长会在 267nm 附近上下波动 $1\sim2nm$。

⑥ 绘制山梨酸吸收曲线的浓度约为 $2\mu g/mL$。溶液稀释和配制方法同苯甲酸溶液。

由图 6-8 可以看出山梨酸有一个吸收峰，最大波长为 254nm。由于仪器和溶液之间存在着误差，最大波长会在 254nm 附近上下波动 $1\sim2nm$。

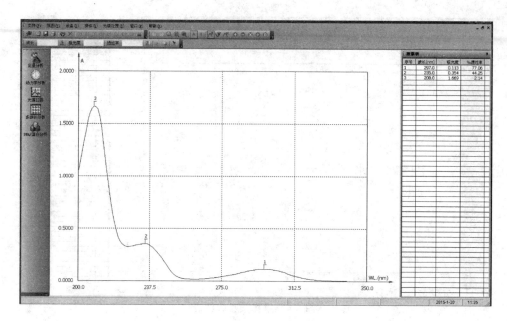

图 6-6　磺基水杨酸吸收曲线

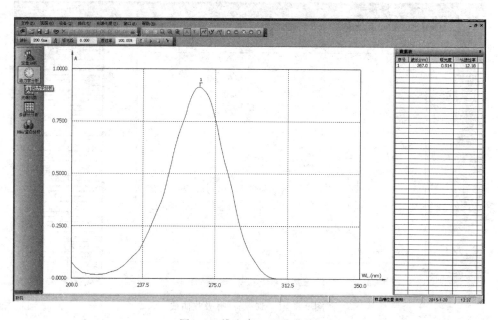

图 6-7　维生素 C 吸收曲线

⑦ 绘制硝酸盐氮吸收曲线的浓度约为 $10\mu g/mL$。溶液稀释和配制方法同苯甲酸溶液。

由图 6-9 可以看出硝酸盐氮只有一个吸收峰，虽然在紫外光区的边缘，测定时选择最大波长为 203nm。由于仪器和溶液之间存在着误差，最大波长会在 203nm 附近上下波动 $1\sim2nm$。

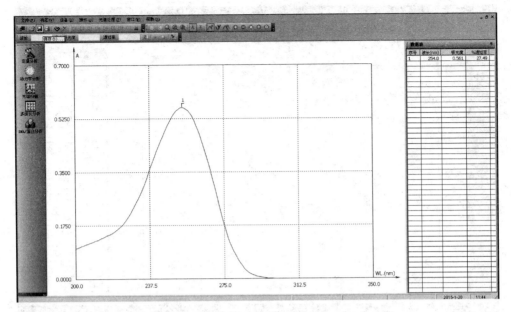

图 6-8　山梨酸吸收曲线

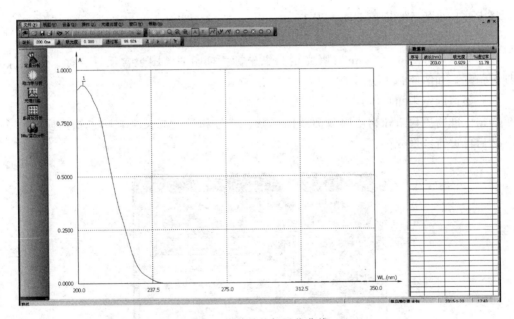

图 6-9　硝酸盐氮吸收曲线

⑧ 绘制糖精钠吸收曲线的浓度约为 5μg/mL。溶液稀释和配制方法同苯甲酸溶液。

由图 6-10 可以看出糖精钠只有一个吸收峰，虽然在紫外光区的边缘，测定时选择最大波长为为 202nm。由于仪器和溶液之间存在着误差，最大波长会在 202nm 附近上下波动 1～2nm。

（2）吸收曲线的最大波长处的吸光度的要求

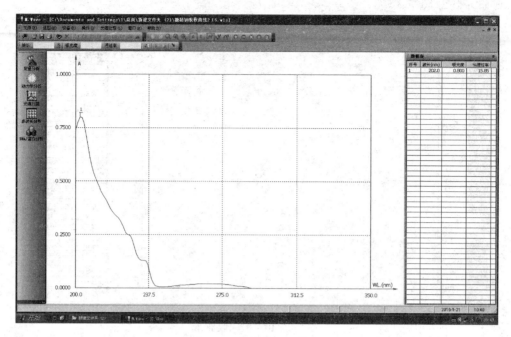

图 6-10　糖精钠吸收曲线

最大波长处的吸光度值不能大于 1。

（3）吸收曲线图谱的标注项目齐全

波长为横坐标 200～350nm，吸光度为纵坐标。打印的谱图包含项目名称、用户名称、日期等信息，如图 6-11 所示。

（4）如何确定未知物质

根据标准物质与未知物质吸收曲线的形状、峰形和最大波长来判断未知物质是什么物质。然后再进行定量分析。

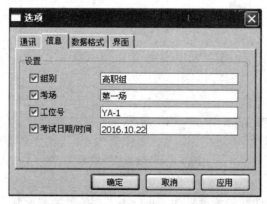

图 6-11　吸收曲线图谱的标注

2.1.5　定量分析

测量波长的选择是否正确、配制标准系列溶液数量的要求、7 个点的分布情况、标准系列溶液吸光度的要求、未知溶液的稀释方法是否正确、试液吸光度是否处于工作曲线范围内、工作曲线相关系数的要求。

测量波长的选择是按照定性分析的结果，按照前述的方法确定最大波长，然后以未知物的最大波长作为定量分析的测量波长。

配制标准系列溶液要求7个点，并且这7个点分布要合理。

标准系列溶液吸光度中要求至少4个点的吸光度在0.2～0.8之间。

未知溶液的稀释是一次稀释还是多次稀释，是真平行测定还是假平行测定；并且要求试液吸光度处于工作曲线范围内。

工作曲线相关系数在定量分析中有一定的要求。

(1) 标准使用溶液的配制（参考方法）

准确移取一定体积的8种标准贮备溶液于100mL的容量瓶中，以蒸馏水稀释至刻线，摇匀。标准使用溶液的浓度分别是：苯甲酸的浓度为（100μg/mL）、水杨酸的浓度为（200μg/mL）、磺基水杨酸的浓度为（200μg/mL）、1,10-菲罗啉的浓度为（40μg/mL）、山梨酸的浓度为（40μg/mL）、维生素C的浓度为（100μg/mL）、硝酸盐氮的浓度为（100μg/mL）、糖精钠的浓度为（50μg/mL）。

例如，苯甲酸标准使用溶液的配制，由1mg/mL苯甲酸标准贮备溶液到100μg/mL苯甲酸标准使用溶液，需要稀释10倍。可以用吸量管吸取10mL标准贮备溶液于100mL容量瓶中，稀释至刻度，稀释10倍，此时浓度为100μg/mL。

(2) 标准工作曲线的配制（参考方法）

① 苯甲酸标准工作曲线的配制：用10mL吸量管准确移取上述标准使用溶液0.00mL、1.00mL、2.00mL、4.00mL、6.00mL、8.00mL、10.00mL于7个100mL的容量瓶中（浓度分别为 0.00μg/mL、1.00μg/mL、2.00μg/mL、4.00μg/mL、6.00μg/mL、8.00μg/mL、10.00μg/mL），以蒸馏水稀释至刻线，摇匀。根据未知液吸收曲线上最大吸收波长，以蒸馏水为参比，测定吸光度。然后以浓度为横坐标，以相应的吸光度为纵坐标绘制标准工作曲线。

② 水杨酸标准工作曲线的配制：用10mL吸量管准确移取上述标准使用溶液0.00mL、1.00mL、2.00mL、4.00mL、6.00mL、8.00mL、10.00mL于7个100mL的容量瓶中（浓度分别为 0.00μg/mL、2.00μg/mL、4.00μg/mL、8.00μg/mL、12.00μg/mL、16.00μg/mL、20.00μg/mL），以蒸馏水稀释至刻线，摇匀。根据未知液吸收曲线上最大吸收波长，以蒸馏水为参比，测定吸光度。然后以浓度为横坐标，以相应的吸光度为纵坐标绘制标准工作曲线。

③ 磺基水杨酸标准工作曲线的配制：用10mL吸量管准确移取上述标准使用溶液0.00mL、1.00mL、2.00mL、4.00mL、6.00mL、8.00mL、10.00mL于7个100mL的容量瓶中（浓度分别为0.00μg/mL、2.00μg/mL、4.00μg/mL、8.00μg/mL、12.00μg/mL、16.00μg/mL、20.00μg/mL），以蒸馏水稀释至刻线，摇匀。根据未知液吸收曲线上最大吸收波长，以蒸馏水为参比，测定吸光度。然后以浓度为横坐标，以相应的吸光度为纵坐标绘制标准工作曲线。

④ 1,10-菲罗啉标准工作曲线的配制：用10mL吸量管准确移取上述标准使用溶液0.00mL、1.00mL、2.00mL、4.00mL、6.00mL、8.00mL、10.00mL于7个100mL的容量瓶中（浓度分别为0.00μg/mL、0.40μg/mL、0.80μg/mL、1.60μg/mL、2.40μg/mL、3.20μg/mL、4.00μg/mL），以蒸馏水稀释至刻线，摇匀。根据未知液吸收曲线上最大吸收

波长，以蒸馏水为参比，测定吸光度。然后以浓度为横坐标，以相应的吸光度为纵坐标绘制标准工作曲线。

⑤ 山梨酸标准工作曲线的配制：用 10mL 吸量管准确移取上述标准使用溶液 0.00mL、1.00mL、2.00mL、4.00mL、6.00mL、8.00mL、10.00mL 于 7 个 100mL 的容量瓶中（浓度分别为 0.00μg/mL、0.40μg/mL、0.80μg/mL、1.60μg/mL、2.40μg/mL、3.20μg/mL、4.00μg/mL），以蒸馏水稀释至刻线，摇匀。根据未知液吸收曲线上最大吸收波长，以蒸馏水为参比，测定吸光度。然后以浓度为横坐标，以相应的吸光度为纵坐标绘制标准工作曲线。

⑥ 维生素 C 标准工作曲线的配制：用 10mL 吸量管准确移取上述标准使用溶液 0.00mL、1.00mL、2.00mL、4.00mL、6.00mL、8.00mL、10.00mL 于 7 个 100mL 的容量瓶中，（浓度分别为 0.00μg/mL、1.00μg/mL、2.00μg/mL、4.00μg/mL、6.00μg/mL、8.00μg/mL、10.00μg/mL），以蒸馏水稀释至刻线，摇匀。根据未知液吸收曲线上最大吸收波长，以蒸馏水为参比，测定吸光度。然后以浓度为横坐标，以相应的吸光度为纵坐标绘制标准曲线。

⑦ 糖精钠标准工作曲线的配制：用 10mL 吸量管准确移取上述标准使用溶液 0.00mL、1.00mL、2.00mL、4.00mL、6.00mL、8.00mL、10.00mL 于 7 个 100mL 的容量瓶中，（浓度分别为 0.00μg/mL、0.50μg/mL、1.00μg/mL、2.00μg/mL、3.00μg/mL、4.00μg/mL、5.00μg/mL），以蒸馏水稀释至刻线，摇匀。根据未知液吸收曲线上最大吸收波长，以蒸馏水为参比，测定吸光度。然后以浓度为横坐标，以相应的吸光度为纵坐标绘制标准曲线。

⑧ 硝酸盐氮标准工作曲线的配制：用 10mL 吸量管准确移取上述标准使用溶液 0.00mL、1.00mL、2.00mL、4.00mL、6.00mL、8.00mL、10.00mL 于 7 个 100mL 的容量瓶中（浓度分别为 0.00μg/mL、1.00μg/mL、2.00μg/mL、4.00μg/mL、6.00μg/mL、8.00μg/mL、10.00μg/mL），以蒸馏水稀释至刻线，摇匀。根据未知液吸收曲线上最大吸收波长，以蒸馏水为参比，测定吸光度。然后以浓度为横坐标，以相应的吸光度为纵坐标绘制标准工作曲线。

（3）未知溶液的稀释

不同的物质，不同的浓度稀释的倍数不相同，可以采取稀释一次或多次。

① 稀释一次：准确移取未知液一定体积分别于 3 个 100mL 的容量瓶中，以蒸馏水稀释至刻线，摇匀。根据未知液吸收曲线上最大吸收波长，以蒸馏水为参比，测定吸光度。根据待测溶液的吸光度，确定未知样品的浓度。未知样要平行测定 3 次。

② 稀释两次：准确移取未知液一定体积分别于 3 个 100mL 的容量瓶中，以蒸馏水稀释至刻线，摇匀。再分别从 3 个 100mL 的容量瓶中准确移取一定体积的溶液分别对应于 3 个 100mL 的容量瓶中。根据未知液吸收曲线上最大吸收波长，以蒸馏水为参比，测定吸光度。根据待测溶液的吸光度，确定未知样品的浓度。未知样要平行测定 3 次。

③ 稀释多次：准确移取未知液一定体积分别于 3 个 100mL 的容量瓶中，以蒸馏水稀释至刻线，摇匀。再分别从 3 个 100mL 的容量瓶中准确移取一定体积的溶液分别对应于 3 个 100mL 的容量瓶中。依次类推进行稀释过程，然后根据未知液吸收曲线上最大吸收波长，以蒸馏水为参比，测定吸光度。根据待测溶液的吸光度，确定未知样品的浓度。未知样要平行测定 3 次。

（4）举例

① 未知物为苯甲酸（浓度为 $500\sim750\mu g/mL$），苯甲酸标准贮备溶液（浓度为 $1mg/mL$），如何配制标准工作曲线和未知溶液的稀释？

苯甲酸的标准使用溶液浓度为 $100\mu g/mL$，需要把苯甲酸标准贮备溶液进行稀释，$1mg/mL\rightarrow100\mu g/mL$，稀释 10 倍。可以用吸量管吸取 10mL 标准贮备溶液于 100mL 容量瓶中，稀释至刻度，稀释 10 倍，此时浓度为 $100\mu g/mL$。

用 10mL 吸量管准确移取上述标准使用溶液 0.00mL、1.00mL、2.00mL、4.00mL、6.00mL、8.00mL、10.00mL 于 7 个 100mL 的容量瓶中（浓度分别为 $0.00\mu g/mL$、$1.00\mu g/mL$、$2.00\mu g/mL$、$4.00\mu g/mL$、$6.00\mu g/mL$、$8.00\mu g/mL$、$10.00\mu g/mL$），以蒸馏水稀释至刻线，摇匀。根据未知液吸收曲线上最大吸收波长，以蒸馏水为参比，测定吸光度。然后以浓度为横坐标，以相应的吸光度为纵坐标绘制标准工作曲线。

未知物苯甲酸的浓度为 $500\sim750\mu g/mL$，试液的吸光度要处于工作曲线吸光度范围内（最好处于中间位置）。吸光度与浓度成正比，也就是浓度处于工作曲线浓度范围内（浓度为 $5\mu g/mL$ 左右），所以未知液稀释 100 倍。

准确移取未知液 1mL 分别于 3 个 100mL 的容量瓶中，以蒸馏水稀释至刻线，摇匀。根据未知液吸收曲线上最大吸收波长，以蒸馏水为参比，测定吸光度。根据待测溶液的吸光度，确定未知样品的浓度。测定如图 6-12 所示。

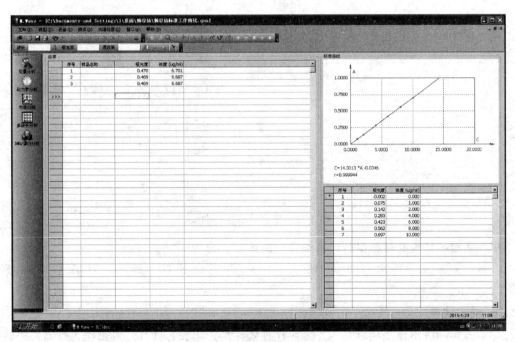

图 6-12 定量分析工作曲线

根据测得的浓度和稀释倍数计算未知物的浓度。

$c_1=c_x n=6.701\times100=670.10$（$\mu g/mL$），同理计算 c_2、c_3，计算平均浓度为 $669.2\mu g/mL$。

② 未知物为磺基水杨酸（浓度为 $1.5\sim2.5mg/mL$），磺基水杨酸标准贮备溶液（浓度为 $2mg/mL$），如何配制标准工作曲线和未知溶液的稀释？

磺基水杨酸标准使用溶液浓度的配制，磺基水杨酸标准使用溶液浓度为 $200\mu g/mL$，需要把磺基水杨酸标准贮备溶液进行稀释，$2mg/mL \rightarrow 200\mu g/mL$，稀释 10 倍。可以用吸量管吸取 10mL 标准贮备溶液于 100mL 容量瓶中，稀释至刻度，稀释 10 倍，此时浓度为 $200\mu g/mL$。

标准工作曲线的配制同 2.1.5 中相应内容。

未知物磺基水杨酸的浓度为 1.5～2.5mg/mL，试液的吸光度要处于工作曲线吸光度范围内（最好处于中间位置）。吸光度与浓度成正比，也就是浓度处于工作曲线浓度范围内（浓度为 $10\mu g/mL$ 左右），所以未知液稀释为 200 倍。

准确移取未知液 10mL 分别于 3 个 100mL 的容量瓶中，以蒸馏水稀释至刻线，摇匀（稀释 10 倍）。再分别从 3 个 100mL 的容量瓶中准确移取 5mL 溶液分别对应于 3 个 100mL 的容量瓶中，以蒸馏水稀释至刻线，摇匀（稀释 20 倍）。稀释两次共稀释 200 倍。根据未知液吸收曲线上最大吸收波长，以蒸馏水为参比，测定吸光度。根据待测溶液的吸光度，确定未知样品的浓度。测定如图 6-13 所示。

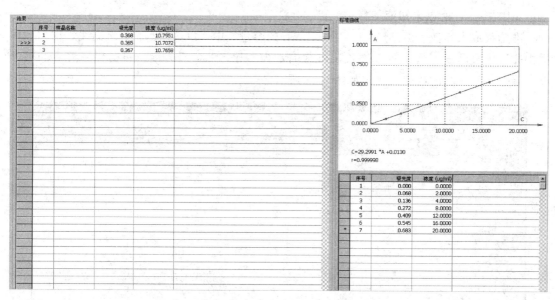

图 6-13 定量分析工作曲线

根据测得的浓度和稀释倍数计算未知物的浓度。

$c_1 = c_x n = 10.7951 \times 200 = 2159.02\mu g/mL$，同理计算 c_2、c_3，计算平均浓度为 $2151.2\mu g/mL$。

2.1.6 测定结果

标准工作曲线图标注项目是否齐全、计算公式是否正确、计算是否正确、有效数字的保留是否正确、精密度和准确度达到什么要求。

标准工作曲线图标注项目是否齐全：浓度为横坐标，吸光度为纵坐标。打印的图包含项目名称、用户名称、日期等信息，如图 6-11 所示。

2.2 对溶液和试剂使用要求

溶液和试剂按照标准和竞赛的要求进行配制，具体见竞赛的方案。使用时按照竞赛方案进行用量的移取。使用时不要污染原瓶溶液。

3. 技能考核分析

3.1 操作容易出现的问题分析

（1）玻璃仪器方面：容量瓶和吸量管

① 容量瓶：容量瓶是否洗涤干净、容量瓶使用过程中是否漏液、容量瓶定容是否正确都会影响到工作曲线的相关系数、分析的结果的精密度和准确度。

② 吸量管：吸量管的洗涤和润洗、吸量管移取溶液是否准确会影响到工作曲线的相关系数、分析的结果的精密度和准确度。

（2）紫外仪器方面：仪器参数的设置、测定图谱、数据的保存和打印、仪器的使用过程

① 仪器参数的设置。在测定前先对数据格式进行设置，如图6-14所示。数据格式设置不正确会影响有效数字的保留和结果。

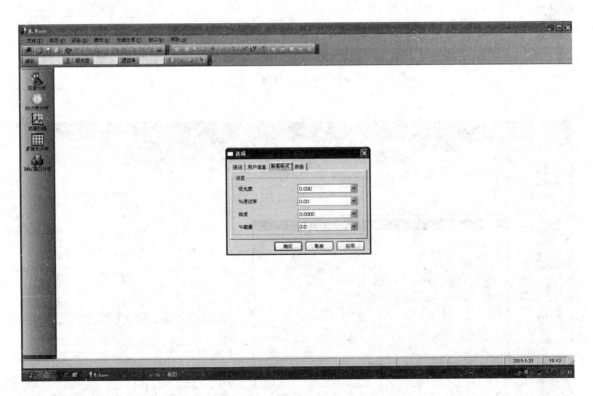

图 6-14　数据格式设置

在定性分析光谱扫描前要进行参数的设置，如图6-15所示。光谱扫描设置不正确会影响扫描波长范围的选择、吸收曲线的绘制、最大波长的选择。

在定量分析测定前要进行参数设置，如图6-16所示。定量分析设置不正确会影响波长是否正确、标准系列溶液的数量是否正确、测定的结果是否正确。

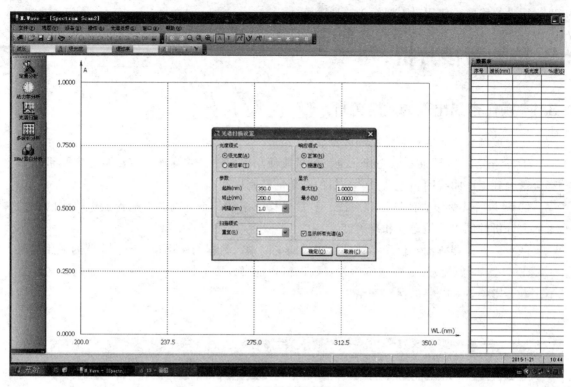

图 6-15　光谱扫描参数设置

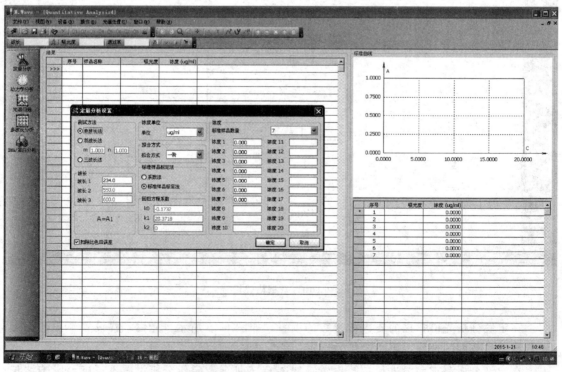

图 6-16　定量分析参数设置

② 测定图谱、数据的保存和打印：测定的图谱、数据要求保存和打印，在计算机上要有保存的痕迹，并且上交打印的图谱和数据。

③ 仪器的使用过程：要注意仪器是否正常，操作过程中不要进行误操作避免数据丢失或覆盖造成工作曲线无法绘制。

3.2 对试剂使用容易出现的问题分析

（1）移取溶液时不要污染原瓶溶液

仪器分析项目操作中要求由标准贮备溶液稀释成标准使用液、绘制标准工作曲线和未知溶液的稀释，在移取溶液时不要污染原瓶溶液以免影响测定结果。

（2）有些试剂需要避光保存

在水杨酸、1,10-菲罗啉、苯甲酸、山梨酸、磺基水杨酸、维生素 C、硝酸盐氮、糖精钠八种标准物质溶液中 1,10-菲啰啉和维生素 C 溶液需要保存在棕色试剂瓶中，以免见光分解影响测定结果。

4. UV1800 仪器的使用

UV-1800PCDS2 的使用细节，请观看 UV-1800PCDS2 操作视频。

4.1 UV-1800PCDS2 的安装

（1）仪器的安装

（2）软件的安装

4.2 使用 M. wave professionl 应用软件分析样品

（1）开机、自检

（2）启动软件

（3）数据格式的设置（见图 6-14 数据格式设置）

（4）比色皿配套性检验

① 可以在光谱扫描下完成这个过程：打开光谱扫描界面，波长设置为 220nm，第一个比色皿进行校准背景，第二个比色皿进行测定。对话框显示吸光度和透光率，根据要求如果不是一套比色皿可以更换一套比色皿重新测定；如果符合要求则记录吸光度的值，如图 6-17 所示。

② 可以在定量分析下完成这个过程（见图 6-16）：打开定量分析界面，波长设置为 220nm，确定后，第一个比色皿进行校准背景，第二个比色皿进行测定。对话框显示吸光度和透光率，根据要求如果不是一套比色皿可以更换一套比色皿重新测定；如果符合要求记录吸光度的值。

（5）光谱扫描

① 参数设置（见图 6-15 光谱扫描参数设置）；

② 校准背景和测定；

③ 光谱扫描图谱；

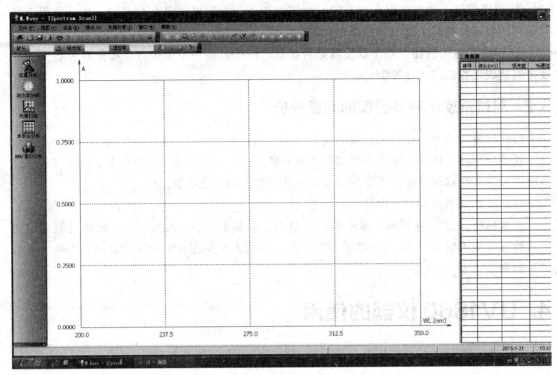

图 6-17　光谱扫描界面

④ 显示波峰；

⑤ 图谱的保存、用户信息的填写。

（6）定量分析

① 参数设置（见图 6-16 定量分析参数设置）。

② 比色皿的校正：在工具栏点击设备，出现下拉菜单，先进行槽差复位，再进行槽差校正。因为有人用过仪器后比色皿的校正值是保存在仪器上，避免出现校正的是别人的值，所以先进行槽差复位，再进行槽差校正。

③ 标准工作曲线的绘制。

④ 未知样品的测定。

⑤ 数据的保存、用户信息的填写。

（7）测定结束

关闭软件、关闭仪器和计算机。

第七章

赛项评判指南

1. 评分与记分

① 理论知识竞赛试卷由计算机自动阅卷评分，经评审裁判审核后生效。

② 技能操作竞赛成绩分两步得出，现场部分由裁判员根据选手现场实际操作规范程度、操作质量、文明操作情况和现场分析结果，依据评分细则对每个单元单独评分后得出；分析结果准确性部分则等所有分析结果数据汇总并经赛项真值组按规范进行真值、差异性等取舍处理后得出。

③ 理论知识考核、化学分析技能操作考核及仪器分析技能操作考核每个单项均以满分100分计，最后按理论知识30%、技能操作考核70%（化学分析和仪器分析技能操作考核各占35%）的比例计算参赛总分。

2. 分析数据的真值确定

① 真值的来源分为三方面。主办单位选派1名教师、外请企业1名技术人员，竞赛现场所有参赛选手三方面的测定平均值加权重计算得出真值。

② 权重分配。主办单位教师组和外请企业技术人员组各占20%；竞赛现场参赛选手占60%。

③ 可疑值取舍原则。竞赛现场参赛选手个体测定的平均值用4d法或Q检验法进行检验，去掉可疑值。

④ 差异性检验。主办单位教师组、外请企业技术人员组和竞赛现场参赛选手三方面测定的平均值用F检验法检验差异性。若有差异可去除主办单位教师组和外请企业技术人员组中差异大的一组的平均值，修正后权重分配为余下的一组占30%、参赛选手占70%，加权重计算得出真值。

3. 计算机处理实际操作分数确定

(1) 化学分析计算机评卷

首先将选手的数据导入计算机计算模板中，见表 7-1 和表 7-2，生成选手的数据处理结果，对照评分表给出相应的等级，确定分数，见表 7-3。表格中没有底纹的地方输入选手数据，自动生成有底纹的数据。

表 7-1 EDTA 标准滴定溶液的标定

项　目	1	2	3	4
$m_{倾样前}$/g	29.2423	27.7603	26.2644	24.7589
$m_{倾样后}$/g	27.7603	26.2643	24.7588	23.2127
$m_{氧化锌}$/g	1.4820	1.4960	1.5056	1.5462
移取试液体积/mL	25.00	25.00	25.00	25.00
滴定管初读数/mL	0.00	0.00	0.00	0.00
滴定管终读数/mL	35.90	36.15	36.49	37.40
滴定消耗 EDTA 体积/mL	35.90	36.15	36.49	37.40
体积校正值/mL	0.030	0.030	0.030	0.040
溶液温度/℃	21	21	21	21
温度补正值	−0.18	−0.18	−0.18	−0.18
溶液温度校正值/mL	−0.006	−0.007	−0.007	−0.007
实际消耗 EDTA 体积/mL	35.92	36.17	36.51	37.43
空白试验/mL	0.00			
c/(mol/L)	0.050692	0.050817	0.050667	0.050755
$c_{平}$/(mol/L)	0.05073			
相对极差/%	0.30			

表 7-2 硫酸镍样品中镍含量的测定

项　目	1	2	3
$m_{倾样前}$/g	103.5680	100.5904	97.5808
$m_{倾样后}$/g	100.5904	97.5835	94.6451
$m_{硫酸镍溶液}$/g	2.9776	3.0069	2.9357
滴定管初读数/mL	0.00	0.00	0.00
滴定管终读数/mL	31.90	32.22	31.46
滴定消耗 EDTA 体积/mL	31.90	32.22	31.46
体积校正值/mL	0.050	0.050	0.050
溶液温度/℃	19	19	19
温度补正值	0.18	0.18	0.18
溶液温度校正值/mL	0.006	0.006	0.006
实际消耗 EDTA 体积/mL	31.96	32.28	31.52

项　目	1	2	3
$c(EDTA)/(mol/L)$		0.04969	
$w(Ni)/(g/kg)$	31.302	31.307	31.312
$\overline{w}(Ni)/(g/kg)$		31.31	
相对极差/%		0.03	

表 7-3　化学分析结果准确度和精密度

项　目	选手数据	真值	结果准确度
标液浓度相对极差/%	0.30		0.30%
$c_平/(mol/L)$	0.05073	0.050748	0.04%
样液浓度相对极差/%	0.03		0.03%
$\overline{w}(Ni)/(g/kg)$	31.31	31.33	0.06%

（2）仪器分析计算机评卷

首先将选手的数据导入计算机计算模板中，见表 7-4，生成选手的数据处理结果，对照评分表给出相应的等级，确定分数。表格中没有底纹的地方输入选手数据，自动生成有底纹的数据。

表 7-4　仪器分析样品测定值及结果

项　目	测定 1	测定 2	测定 3
样品测定值	0.390	0.388	0.389
测定溶液浓度/(μg/mL)	10.5471	10.4927	10.5199
稀释倍数	400	400	400
样品原液浓度/(μg/mL)	4218.84	4197.08	4207.96
样品原液平均浓度/(μg/mL)		4207.96	
精密度	0.002	真值/(μg/mL)	4197.93
|RE|	0.24%		

4. 竞赛技术点评

2013 年工业分析检验赛项技术点评

2013 年全国职业院校技能竞赛

"渤化"杯工业分析检验（中职组、高职组）技能比赛技术点评

中职组、高职组"渤化"杯工业分析检验技能比赛在竞赛组委会和执委会的领导下，在承办单位"天津渤海职业技术学院"的精心准备下，在各参赛单位、各选手和各裁判员，以及各工作人员的共同努力下，现已完成所有的赛事，现作竞赛技术点评。

本次竞赛本着"公开、公平、客观、科学"的原则，力求办出一届"高水平、绿色、和谐"的竞赛，参赛选手赛出了风格，赛出了水平。

一、基本情况

本次参赛队和选手是经各省、市、自治区层层选拔之后派出的尖子、高手，每队由二位选手组成，共计 97 个代表队。其中，高职为 55 个队，110 位选手；中职为 42 个队，84 位选手。选手来自全国 32 个省、市、自治区和单列市。

比赛项目分为理论与仿真考核和技能操作考核。理论与仿真考核采用机考方式进行，并由计算机自动评分阅卷，减少了人为批卷中的差错。

技能操作考核分为两个分项，化学分析-配位滴定容量法；仪器分析-紫外分光光度法。每位选手参加理论与仿真考核，和化学分析、仪器分析技能操作考核。

二、评分与记分办法

理论知识竞赛试卷由计算机自动阅卷评定，经评审裁判审核后生效。

技能操作竞赛成绩分两步得出：现场部分由裁判员根据评分细则，对每个单元独立评分后得出，分析结果及卷面部分成绩由阅卷裁判按评分细则批后得出。再由复核裁判进行复核，项目裁判长审核签字后生效。

参赛团队总分成绩名次，由二位选手的理论与仿真考核成绩、技能考核成绩之和按照理论与仿真占30％，化学分析、仪器分析成绩各占 35％相加后，确定最终成绩进行排序。

三、试题分析

理论与仿真考核试卷中职按化工检验工试题库的高级工水平组卷，高职在高级工水平上再增加一定的难度，尤其是色谱-质谱（GC-MC）联用的仿真试题，公布的要求，与考核的要求上做了一点变动，也增加了一些难度，以考核选手的应变能力。选手试题组题内容相同，但出题的先后有差别，使得考位左右前后无法作弊，因考位之间距离太近。

技能操作题目：化学分析试题为标定 EDTA 标准滴定溶液浓度和测定未知样品中 Co 含量，由于钴离子本身有色，给测定终点颜色变化的观察判断带来了一定的难度。仪器分析试题为紫外分光光度法测定，先对未知样品进行定性分析，然后进行定量分析。给出未知样品浓度范围和标准试样的浓度，要求选手设计稀释倍数来调节测定时未知样浓度，使其落在工作曲线的中段部分，且化学分析的配制和标定溶液的操作比仪器分析的要求更高一些。

四、赛项特点

1.团队合作意识。本次项目设团队，既考核选手个人能力，也考核选手的团队协作能力和团队整体实力。

2.核心技能与专项技能相结合。在竞赛内容侧重点的设计上，赛项以职业核心技能考核为主。设计的专项比赛内容上，考虑到专项技能的延伸性。化学分析专项作为常规物质的常量分析，仪器分析则考虑物质中未知物微量组分或含量的测定，对于仪器分析更注重质量的概念。

3.规范性与创新性相结合。

竞赛项目依据下列行业、职业技术标准：GB/T 10705—2008，二水合 5-磺基水杨酸；HG/T 4018—2008，化学试剂 1,10-菲罗啉；GB 5009.28—2016，糖精钠的检测；GB 1886.186—2016，食品添加剂 山梨酸；HG/T 3398—2003，邻羟基苯甲酸（水杨酸）；GB 12597—2008，工作基准试剂 苯甲酸；GB/T 601—2016，标准滴定溶液的制备；GB/T 603—2002，试验方法中所用制剂及制品的制备；GB 1616—2014 工业过氧化氢。

竞赛内容上部分环节依赖于选手的创新发挥。如仪器分析专项中，选手根据给定的样品及样品浓度，自行设计工作曲线点和未知样稀释测定方案。

五、裁判员执裁分析

裁判员经单位推荐，组委会确定，绝大多数裁判是多次进行了比赛的执裁工作，具有较好的水平，赛前又对评分细则进行了讲解研讨培训。在组织上保证了执裁的公正性，高职教师执裁中职组选手比赛，企业组和中职教师执裁高职组选手比赛。本省市的裁判不能执裁本省市的选手，这样从多方面在组织上保证了执裁工作的公正、公平、科学。两个技能操作项目还设立了项目裁判长，及时协调解决比赛时可能出现的不可预料的情况，保证比赛的顺利进行。

本次竞赛中裁判员执裁尺度把握基本适中，对技能操作的关键点的评判正确，评判满意率较高。

六、竞赛成绩分析

组别	分数区间	理论考试		化学分析		仪器分析	
		人数	比例/%	人数	比例/%	人数	比例/%
高职	0～19	0/110	0	9	8.2	2	1.8
	20～39	10	9.1	14	12.7	7	6.4
	40～59	16	14.6	21	19.1	25	22.7
	60～69	23	20.9	24	21.8	22	20
	70～79	35	31.8	25	22.7	22	20
	80～89	22	20	12	10.9	27	24.5
	90～100	4	3.6	5	4.6	5	4.6
中职	0～19	0/84	0	4	4.8	1	1.2
	20～39	3	3.6	10	11.9	6	7.1
	40～59	17	20.2	7	8.3	22	26.2
	60～69	18	21.4	15	17.9	14	16.8
	70～79	22	26.2	17	20.2	18	21.4
	80～89	22	26.2	22	26.2	16	19
	90～100	2	2.4	9	10.7	7	8.3

竞赛成绩呈正态分布，说明试题难易程度适中，选手水平发挥正常。

七、选手能力的分析

本次选手的实际操作能力要比前几次竞赛的选手的总体水平要高一些，大多选手操作较熟练。

但在一些选手中也反映出了一些不足之处：如对实操的安排上出现前松后紧，体现不出抓大放小、对有些基本概念不清，某些关键细节不注意。

从选手总体看：应变能力欠佳，对出现的情况如何分析采取应对措施缺少办法，也可能心情紧张所至。

选手中有部分有涂改数据，因此得 0 分。这是作为一个分析人员最不允许的，应该尊重事实数据，否则不配当分析工作者。

八、今后努力方向

1. 评分细则再可详细一点，且对测定结果影响大的关键点应增加。如何体现让选手能更充分的发挥其创造能力方面尚缺乏。

2. 竞赛的原始记录要有唯一追溯性，不仅要有选手的，还要有计量器具的唯一追溯性。

3. 希望指导老师今后在培训选手时，不仅要培训熟练的技能操作，也要培训他们的心理素质和出现问题时的应变处理能力。更要教育他们如何当好分析工作者，要有合格优秀的技能，更要有优秀的职业道德和心理素质。

九、结束语（略）

第八章

计算机仿真软件与数据处理演示

1. 理论题库

理论试题库见《化学检验工试题集》。工业分析检验技能竞赛题型包括选择题、单选题、多选题。竞赛前有赛项执委会按照赛项规则，根据三种类型题的比例与难度系数等因素由计算机随机抽出 A、B、C 三套题，开幕式上由专家或执委会领导抽出其中一套作为理论考试题。

理论试题库见配套的工业分析检验赛项试题集教材。

理论考试为机考，理论在线考核系统由北京东方仿真软件技术公司设计，见本书的配套光盘相关内容。

2. 仿真软件的使用说明

工业分析检验技能竞赛使用的仿真软件由北京东方仿真软件技术公司设计，仿真软件操作是通过网上在线练习，以达到竞赛水平。仿真软件的练习软件考核点有一些设定，考试时由专家建议设定考核点。

仿真软件的学习指导见配套光盘相关内容。

3. 分光光度计使用流程与处理数据演示

赛场使用的分光光度计是上海美谱达仪器公司生产的 UV1800PC-DS2 型仪器，使用流程和处理数据见配套光盘相关内容。

4. 配套资料目录

（1）理论与仿真考试操作指导视频。

（2）UV1800PC-DS2 分光光度计操作指导视频。

（3）化学检验工（职业技能鉴定）试题集（另册）。

第九章

全国技能竞赛技能操作试题及评分标准

1. 高职组

1.1 化学分析操作试题

化学分析试题

（一）高锰酸钾标准滴定溶液的标定

1. 操作步骤

用减量法准确称取 2.0g 于 $105\sim110℃$ 烘至恒重的基准草酸钠（不得用去皮的方法，否则称量为零分）于 100mL 小烧杯中，用 50mL 硫酸溶液（1+9）溶解，定量转移至 250mL 容量瓶中，用水稀释至刻度，摇匀。

用移液管准确量取 25.00mL 上述溶液放入 250mL 锥形瓶中，加 75mL 硫酸溶液（1+9），用配制好的高锰酸钾滴定，近终点时加热至 65℃，继续滴定到溶液呈粉红色保持 30s。

平行测定 4 次，同时作空白试验。

2. 计算公式

$$c\left(\frac{1}{5}KMnO_4\right) = \frac{m(Na_2C_2O_4) \times \dfrac{25.00}{250.0} \times 1000}{[V(KMnO_4) - V_0] \times M\left(\dfrac{1}{2}Na_2C_2O_4\right)}$$

（二）过氧化氢含量的测定

1. 操作步骤

用减量法准确称取 xg 过氧化氢试样，精确至 0.0002g，置于已加有 100mL 硫酸溶液（1+15）的锥形瓶中，用 $KMnO_4$ 标准滴定溶液 $\left[c\left(\dfrac{1}{5}KMnO_4\right) = 0.1mol/L\right]$ 滴定至溶液呈

浅粉色，保持 30s 不褪即为终点。

平行测定 3 次，同时作空白试验。

2. 计算公式

$$w(\mathrm{H_2O_2}) = \frac{c\left[\frac{1}{5}\mathrm{KMnO_4}\right] \times \left[V(\mathrm{KMnO_4}) - V_0\right] \times M\left[\frac{1}{2}\mathrm{H_2O_2}\right]}{m(\text{试样})}$$

注：1. 所有原始数据必须请裁判复查确认后才有效，否则考核成绩为零分。

2. 所有容量瓶稀释至刻度后必须请裁判复查确认后才可进行摇匀。

3. 记录原始数据时，不允许在报告单上计算，待所有的操作完毕后才允许计算。

4. 滴定消耗溶液体积若＞50mL 以 50mL 计算。

1.2 化学分析评分标准

化学分析评分细则表

序号	作业项目	考核内容	配分	操作要求	考核记录	扣分说明	扣分	得分
一	基准物的称量（7.5分）	称量操作	1	1. 检查天平水平		每错一项扣 0.5 分，扣完为止		
				2. 清扫天平				
				3. 敲样动作正确				
		基准物及试样称量范围	6	1. 称量范围不超过±5%		在规定量±5%～±10%内每错一个扣 1 分，扣完为止		
				2. 称量范围最多不超过±10%		每错一个扣 2 分，扣完为止		
		结束工作	0.5	1. 复原天平		每错一项扣 0.5 分，扣完为止		
				2. 放回凳子				
二	试液配制（3分）	容量瓶洗涤	0.5	洗涤干净		洗涤不干净，扣 0.5 分		
		容量瓶试漏	0.5	正确试漏		不试漏，扣 0.5 分		
		定量转移	0.5	转移动作规范		转移动作不规范扣 0.5 分		
		定容	1.5	1. 三分之二处水平摇动		每错一项扣 0.5 分，扣完为止		
				2. 准确稀释至刻线				
				3. 摇匀动作正确				
三	移取溶液（5分）	移液管洗涤	0.5	洗涤干净		洗涤不干净，扣 0.5 分		
		移液管润洗	1	润洗方法正确		从容量瓶或原瓶中直接移取溶液扣 1 分		
		吸溶液	1	1. 不吸空		每错一次扣 0.5 分，扣完为止		
				2. 不重吸				
		调刻线	1	1. 调刻线前擦干外壁		每错一项扣 0.5 分，扣完为止		
				2. 调节液面操作熟练				
		放溶液	1.5	1. 移液管竖直		每错一项扣 0.5 分，扣完为止		
				2. 移液管尖靠壁				
				3. 放液后停留约 15s				

序号	作业项目	考核内容		配分	操作要求	考核记录	扣分说明	扣分	得分
四	滴定操作 (5.5分)	滴定管的洗涤		0.5	洗涤干净		洗涤不干净,扣0.5分		
		滴定管的试漏		0.5	正确试漏		不试漏,扣0.5分		
		滴定管的润洗		0.5	润洗方法正确		润洗方法不正确扣0.5分		
		滴定操作		2	1.滴定速度适当 2.终点控制熟练		每错一项扣0.5分,扣完为止		
		近终点体积确定		2	近终点体积≤5mL		每错一个扣0.5分,扣完为止		
五	滴定终点 (4分)	标定终点	粉红色	4	终点判断正确		每错一个扣1分,扣完为止		
		测定终点	粉红色		终点判断正确				
六	读数 (2分)	读数		2	读数正确		以读数差在0.02mL为正确,每错一个扣1分,扣完为止		
七	原始数据记录 (2分)	原始数据记录		2	1.原始数据记录不用其他纸张记录		每错一个扣1分,扣完为止		
					2.原始数据及时记录				
					3.正确进行滴定管体积校正(现场裁判应核对校正体积校正值)				
八	文明操作结束工作 (1分)	物品摆放仪器洗涤"三废"处理		1	1.仪器摆放整齐		每错一项扣0.5分,扣完为止		
					2.废纸/废液不乱扔乱倒				
					3.结束后清洗仪器				
九	重大失误 (本项最多扣10分)				基准物的称量		称量失败,每重称一次倒扣2分		
					试液配制		溶液配制失误,重新配制的,每次倒扣5分		
					移取溶液		移取溶液后出现失误,重新移取,每次倒扣3分		
					滴定操作		重新滴定,每次倒扣5分		
							篡改(如伪造、凑数据等)测量数据的,总分以零分计		
十	总时间 (0分)	210min		0					
	特别说明				打坏仪器照价赔偿				
十一	数据记录及处理 (5分)	记录		1	1.规范改正数据 2.不缺项		每错一个扣0.5分,扣完为止		
		计算		3	计算过程及结果正确(由于第一次错误影响到其他不再扣分)		每错一个扣0.5分,扣完为止		
		有效数字保留		1	有效数字位数保留正确或修约正确		每错一个扣0.5分,扣完为止		

序号	作业项目	考核内容	配分	操作要求	考核记录	扣分说明	扣分	得分
十二	标定结果 （35分）	精密度	20	相对极差≤0.15%		扣0分		
				0.15%＜相对极差≤0.25%		扣4分		
				0.25%＜相对极差≤0.35%		扣8分		
				0.35%＜相对极差≤0.45%		扣12分		
				0.45%＜相对极差≤0.55%		扣16分		
				相对极差＞0.55%		扣20分		
		准确度	15	｜相对误差｜≤0.10%		扣0分		
				0.10%＜｜相对误差｜≤0.20%		扣3分		
				0.20%＜｜相对误差｜≤0.30%		扣6分		
				0.30%＜｜相对误差｜≤0.40%		扣9分		
				0.40%＜｜相对误差｜≤0.50%		扣12分		
				｜相对误差｜＞0.50%		扣15分		
十三	测定结果 （30分）	精密度	15	相对极差≤0.15%		扣0分		
				0.15%＜相对极差≤0.25%		扣3分		
				0.25%＜相对极差≤0.35%		扣6分		
				0.35%＜相对极差≤0.45%		扣9分		
				0.45%＜相对极差≤0.55%		扣12分		
				相对极差＞0.55%		扣15分		
		准确度	15	｜相对误差｜≤0.10%		扣0分		
				0.10%＜｜相对误差｜≤0.20%		扣3分		
				0.20%＜｜相对误差｜≤0.30%		扣6分		
				0.30%＜｜相对误差｜≤0.40%		扣9分		
				0.40%＜｜相对误差｜≤0.50%		扣12分		
				｜相对误差｜＞0.50%		扣15分		

1.3 化学分析报告单

一、高锰酸钾标准滴定溶液的标定

项目 \ 测定次数		1	2	3	4	备用
基准物称量	m（倾样前）/g					
	m（倾样后）/g					
	$m(\mathrm{Na_2C_2O_4})$/g					
移取试液体积/mL						
滴定管初读数/mL						
滴定管终读数/mL						
滴定消耗 $\mathrm{KMnO_4}$ 体积/mL						
体积校正值/mL						
溶液温度/℃						
温度补正值						
溶液温度校正值/mL						
实际消耗 $\mathrm{KMnO_4}$ 体积/mL						
空白/mL						
c/(mol/L)						
$\bar{c}$/(mol/L)						
相对极差/%						

二、过氧化氢含量的测定

项目 \ 测定次数		1	2	3	备用
样品称量	m（倾样前）/g				
	m（倾样后）/g				
	m（试样）/g				
滴定管初读数/mL					
滴定管终读数/mL					
滴定消耗 $\mathrm{KMnO_4}$ 体积/mL					
体积校正值/mL					
溶液温度/℃					
温度补正值					
溶液温度校正值/mL					
实际消耗 $\mathrm{KMnO_4}$ 体积/mL					
空白/mL					
$c\left(\dfrac{1}{5}\mathrm{KMnO_4}\right)$/(mol/L)					
$w(\mathrm{H_2O_2})$/(g/kg)					
$\bar{w}(\mathrm{H_2O_2})$/(g/kg)					
相对极差/%					

数据处理计算过程

结果报告

样品名称		样品性状	
平行测定次数			
$\overline{w}(H_2O_2)/(g/kg)$			
相对极差/%			

1.4 仪器分析操作试题

紫外-可见分光光度法测定未知物

一、仪器

1.紫外-可见分光光度计（UV-1800PCDS2）；配 1cm 石英比色皿 2 个（比色皿可以自带）；

2.容量瓶：100mL　15 个；

3.吸量管：10mL　5 支；

4.烧杯：　100mL　5 个。

二、试剂

1.标准物质贮备溶液：任选 4 种标准物质贮备溶液（水杨酸、1，10-菲罗啉、磺基水杨酸、苯甲酸、维生素 C、山梨酸、硝酸盐氮、糖精钠）。

2.未知液：4 种标准物质溶液中的任何一种。

三、实验操作

1.吸收池配套性检查

石英吸收池在 220nm 装蒸馏水，以一个吸收池为参比，调节 τ 为 100%，测定其余吸收池的透射比，其偏差应小于 0.5%，可配成一套使用，记录其余比色皿的吸光度值作为校正值。

2.未知物的定性分析

将 4 种标准物质贮备溶液和未知液配制成约为一定浓度的溶液。以蒸馏水为参比，于波长 200～350nm 范围内测定溶液吸光度，并绘制吸收曲线。根据吸收曲线的形状确定未知物，并从曲线上确定最大吸收波长作为定量测定时的测量波长。190～210nm 处的波长不能选择为最大吸收波长。

3.标准曲线绘制

分别准确移取一定体积的标准溶液于 100mL 容量瓶中，以蒸馏水稀释至刻线，摇匀（绘制标准曲线必须是 7 个点，7 个点分布要合理）。根据未知液吸收曲线上最大吸收波长，以蒸馏水为参比，测定吸光度。然后以浓度为横坐标，以相应的吸光度为纵坐标绘制标准曲线。

4.未知物的定量分析

确定未知液的稀释倍数，并配制待测溶液于 100mL 容量瓶中，以蒸馏水稀释至刻度线，摇匀。根据未知液吸收曲线上最大吸收波长，以蒸馏水为参比，测定吸光度。根据待测溶液的吸光度，确定未知样品的浓度。未知样平行测定 3 次。

四、结果处理

根据未知溶液的稀释倍数，求出未知物的含量。

计算公式：
$$c_0 = c_X n$$

式中　c_0——原始未知溶液浓度，$\mu g/mL$；

c_X——查得的未知溶液浓度，$\mu g/mL$；

n——未知溶液的稀释倍数。

1.5 仪器分析评分标准

仪器分析考核评分细则表

序号	作业项目	考核内容	配分	考核记录	扣分说明	扣分	得分
一	仪器的准备（2分）	玻璃仪器的洗涤	1	洗净 / 未洗净	未洗净，扣1分，最多扣1分		
		检查仪器	1	进行 / 未进行	未进行，扣1分，最多扣1分		
二	溶液的制备（5分）	吸量管润洗	1	进行 / 未进行	吸量管未润洗或用量明显较多扣1分		
		容量瓶试漏	1	进行 / 未进行	未进行，扣1分，最多扣1分		
		容量瓶稀释至刻度	3	准确 / 不准确	溶液稀释体积不准确，且未重新配制，扣1分/个，最多扣3分		
三	比色皿的使用（3分）	比色皿操作	1	正确 / 不正确	手触及比色皿透光面扣0.5分，测定时，溶液过少或过多，扣0.5分(2/3~4/5)		
		比色皿配套性检验	1	进行 / 未进行	未进行，扣1分，最多扣1分		
		测定后，比色皿洗净，控干保存	1	进行 / 未进行	比色皿未清洗或未倒空，扣1分，最多扣1分		
四	仪器的使用（3分）	参比溶液的正确使用	1	正确 / 不正确	参比溶液选择错误，扣1分，最多扣1分		
		测量数据保存和打印	2	进行 / 未进行	不保存每次扣1分，最多扣2分		
五	原始数据记录（5分）	原始记录	2	完整、规范 / 欠完整、不规范	原始数据不及时记录每次扣0.5分；项目不齐全、空项扣0.5分/项；最多扣2分，更改数值经裁判员认可，擅自转抄、誊写、涂改、拼凑数据取消比赛资格		
		是否使用法定计量单位	1	是 / 否	没有使用法定计量单位，扣1分，最多扣1分		
		报告（完整、明确、清晰）	2	规范 / 不规范	不规范，扣2分，最多扣2分；无报告、虚假报告者取消比赛资格		
六	文明操作结束工作（2分）	关闭电源、填写仪器使用记录	1	进行 / 未进行	未进行，每一项扣0.5分，最多扣1分		
		台面整理、废物和废液处理	1	进行 / 未进行	未进行，每一项扣0.5分，最多扣1分		
七	重大失误	玻璃仪器	0	损坏	每次倒扣2分		
		UV1800光度计	0	损坏	每次倒扣20分并赔偿相关损失		
		试液重配制	0		试液每重配制一次倒扣3分，开始吸光度测量后不允许重配制溶液		
		重新测定	0		由于仪器本身的原因造成数据丢失，重新测定不扣分。其他情况每重新测定一次倒扣3分		

序号	作业项目	考核内容	配分	考核记录	扣分说明	扣分	得分
八	总时间 （0分）	210min 完成	0		比赛不延时，到规定时间终止比赛		
九	定性测定 （9分）	扫描波长范围选择	1	正确	未在规定的范围内扣1分，最多扣1分		
				不正确			
		光谱比对方法及结果	3	正确	结果不正确扣3分，最多扣3分		
				不正确			
		光谱扫描、绘制吸收曲线	5	正确	吸收曲线一个不正确扣1分，最多扣5分		
				不正确			
十	定量测定 （37分）	测量波长的选择	1	正确	最大波长选择不正确扣1分，最多扣1分		
				不正确			
		正确配制标准系列溶液（7个点）	3	正确	标准系列溶液个数不足7个，扣3分		
				不正确			
		7个点分布要合理	3	合理	不合理，扣3分		
				不合理			
		标准系列溶液的吸光度	3	正确	大部分的吸光度在 0.2～0.8 之间（≥4个点），否则扣3分		
				不正确			
		未知溶液的稀释方法	4	正确	不正确，扣4分		
				不正确			
		试液吸光度处于工作曲线范围内	3	正确	吸光度超出工作曲线范围，扣3分，不允许重做		
				不正确			
		工作曲线线性	20	1档	相关系数≥0.999995	0	
				2档	0.999995＞相关系数≥0.99999	4	
				3档	0.99999＞相关系数≥0.99995	8	
				4档	0.99995＞相关系数≥0.9999	12	
				5档	0.9999＞相关系数≥0.9995	16	
				6档	相关系数＜0.9995	20	
十一	测定结果 （34分）	图上标注项目齐全	1	全	每缺1项，扣0.5分，最多扣1分；在图上标注选手相关信息的，取消比赛资格		
				不全			
		计算公式正确	1	正确	公式不正确扣1分，最多扣1分		
				不正确			
		计算正确	1	正确	计算不正确扣1分，最多扣1分		
				不正确			
		有效数字	1	正确	有效数字保留不正确扣1分，最多扣1分		
				不正确			
		精密度	10	1档	A 值相差为 0.001	0	
				2档	A 值相差＝0.002	2	
				3档	A 值相差＝0.003	4	
				4档	A 值相差＝0.004	6	
				5档	A 值相差＝0.005	8	
				6档	A 值相差＞0.005	10	
		准确度	20	1档	$\lvert RE \rvert \leqslant 0.5\%$	0	
				2档	$0.5\% ＜ \lvert RE \rvert \leqslant 1\%$	5	
				3档	$1\% ＜ \lvert RE \rvert \leqslant 1.5\%$	10	
				4档	$1.5\% ＜ \lvert RE \rvert \leqslant 2\%$	15	
				5档	$\lvert RE \rvert ＞2\%$	20	

1.6 仪器分析报告单

全国职业院校工业分析检验技能竞赛（高职）
仪器分析操作报告单

考核试卷：（A、B）卷＿＿＿＿＿＿＿＿＿＿　考场：＿＿＿＿＿＿＿＿＿

赛位号：＿＿＿＿＿＿＿＿　考核时间：20　　年＿＿＿月＿＿＿日（上、下）午

…○…装订线……○……○…装订线…○……○…装订线…○……○…装订线…○……○

一、比色皿配套性检验

$A_1 = 0.000$　　　　　　　　$A_2 = $＿＿＿＿＿＿＿＿＿

二、定性结果：未知物为 ＿＿＿＿＿＿＿＿＿＿＿＿ 。

三、未知试样的定量测量

1. 标准溶液的配制

标准贮备溶液浓度：＿＿＿＿＿＿＿＿＿＿＿＿＿＿标准溶液浓度：＿＿＿＿＿＿＿＿＿＿＿＿＿

稀释次数	吸取体积/mL	稀释后体积/mL	稀释倍数
1			
2			
3			
4			
5			

2. 标准曲线的绘制

测量波长：＿＿＿＿＿＿＿＿＿＿＿＿

溶液代号	吸取标液体积/mL	$\rho/(\mu g/mL)$	A
0			
1			
2			
3			
4			
5			
6			

全国职业院校工业分析检验技能竞赛（高职）
仪器分析操作报告单

考核试卷：（A、B）卷 ＿＿＿＿＿＿＿＿　考场：＿＿＿＿＿＿＿＿＿

赛位号：＿＿＿＿＿＿＿ 考核时间：20　　年＿＿＿月＿＿＿日（上、下）午

···○···装订线······○·····○···装订线···○·····○···装订线···○·····○···装订线···○·····○

3.未知液的配制

稀释次数	吸取体积/mL	稀释后体积/mL	稀释倍数
1			
2			
3			
4			
5			

4.未知物含量的测定

平行测定次数	1	2	3
A			
查得的浓度/(μg/mL)			
原始试液浓度/(μg/mL)			
原始试液的平均浓度/(μg/mL)			

计算公式：

计算过程：

定量分析结果：未知物的浓度为＿＿＿＿＿＿＿。

2. 中职组

2.1 化学分析操作试题

化学分析方案

（一）高锰酸钾标准滴定溶液的标定

1. 操作步骤

用减量法准确称取 2.0g 于 105～110℃烘至恒重的基准草酸钠（不得用去皮的方法，否则称量为零分）于 100mL 小烧杯中，用 50mL 硫酸溶液（1+9）溶解，定量转移至 250mL 容量瓶中，用水稀释至刻度，摇匀。

用移液管准确量取 25.00mL 上述溶液放入 250mL 锥形瓶中，加 75mL 硫酸溶液（1+9），用配制好的高锰酸钾滴定，近终点时加热至 65℃，继续滴定到溶液呈粉红色保持 30s。

平行测定 3 次，同时作空白试验。

2. 计算公式

$$c\left(\frac{1}{5}\mathrm{KMnO_4}\right)=\frac{m\,(\mathrm{Na_2C_2O_4})\times\frac{25.00}{250.0}\times1000}{\left[V(\mathrm{KMnO_4})-V_0\right]\times M\left(\frac{1}{2}\mathrm{Na_2C_2O_4}\right)}$$

（二）过氧化氢含量的测定

1. 操作步骤

用减量法准确称取 x g 过氧化氢试样，精确至 0.0002g，置于已加有 100mL 硫酸溶液（1+15）的锥形瓶中，用 $\mathrm{KMnO_4}$ 标准滴定溶液 $\left[c\left(\frac{1}{5}\mathrm{KMnO_4}\right)=0.1\mathrm{mol/L}\right]$ 滴定至溶液呈浅粉色，保持 30s 不褪色即为终点。

平行测定 3 次，同时作空白试验。

2. 计算公式

$$w(\mathrm{H_2O_2})=\frac{c\left(\frac{1}{5}\mathrm{KMnO_4}\right)\times\left[V(\mathrm{KMnO_4})-V_0\right]\times M\left(\frac{1}{2}\mathrm{H_2O_2}\right)}{m\,(试样)}$$

注：1.所有原始数据必须请裁判复查确认后才有效，否则考核成绩为零分。

2.所有容量瓶稀释至刻度后必须请裁判复查确认后才可进行摇匀。

3.记录原始数据时，不允许在报告单上计算，待所有的操作完毕后才允许计算。

4.滴定消耗溶液体积若＞50mL 以 50mL 计算。

2.2 化学分析评分标准

化学分析评分细则表

序号	作业项目	考核内容		配分	操作要求	考核记录	扣分说明	扣分	得分
一	基准物的称量（10分）	称量操作		1	1. 检查天平水平		每错一项扣0.5分，扣完为止		
					2. 清扫天平				
					3. 敲样动作正确				
		基准物及试样称量范围		8	1. 称量范围不超过±5%		在规定量±5%～±10%内每错一个扣1分，扣完为止		
					2. 称量范围最多不超过±10%		每错一个扣2分，扣完为止		
		结束工作		1	1. 复原天平		每错一项扣0.5分，扣完为止		
					2. 放回凳子				
二	试液配制（4.5分）	容量瓶洗涤		0.5	洗涤干净		洗涤不干净，扣0.5分		
		容量瓶试漏		0.5	正确试漏		不试漏，扣0.5分		
		定量转移		0.5	转移动作规范		转移动作不规范扣0.5分		
		定容		3	1. 三分之二处水平摇动		每错一项扣1分，扣完为止		
					2. 准确稀释至刻线				
					3. 摇匀动作正确				
三	移取溶液（5分）	移液管洗涤		0.5	洗涤干净		洗涤不干净，扣0.5分		
		移液管润洗		1	润洗方法正确		从容量瓶或原瓶中直接移取溶液扣1分		
		吸溶液		1	1. 不吸空		每错一次扣0.5分，扣完为止		
					2. 不重吸				
		调刻线		1	1. 调刻线前擦干外壁		每错一项扣0.5分，扣完为止		
					2. 调节液面操作熟练				
		放溶液		1.5	1. 移液管竖直		每错一项扣0.5分，扣完为止		
					2. 移液管尖靠壁				
					3. 放液后停留约15s				
四	滴定操作（5.5分）	滴定管的洗涤		0.5	洗涤干净		洗涤不干净，扣0.5分		
		滴定管的试漏		0.5	正确试漏		不试漏，扣0.5分		
		滴定管的润洗		0.5	润洗方法正确		润洗方法不正确扣0.5分		
		滴定操作		2	1. 滴定速度适当		每错一项扣0.5分，扣完为止		
					2. 终点控制熟练				
		近终点体积确定		2	近终点体积≤5mL		每错一个扣0.5分，扣完为止		
五	滴定终点（4分）	标定终点	粉红色	4	终点判断正确		每错一个扣1分，扣完为止		
		测定终点	粉红色		终点判断正确				
六	读数（2分）	读数		2	读数正确		以读数差在0.02mL为正确，每错一个扣1分，扣完为止		

序号	作业项目	考核内容	配分	操作要求	考核记录	扣分说明	扣分	得分
七	原始数据记录（2分）	原始数据记录	2	1. 原始数据记录不用其他纸张记录		每错一个扣1分，扣完为止		
				2. 原始数据及时记录				
				3. 正确进行滴定管体积校正（现场裁判应核对校正体积校正值）				
八	文明操作结束工作（1分）	物品摆放仪器洗涤"三废"处理	1	1. 仪器摆放整齐		每错一项扣0.5分，扣完为止		
				2. 废纸/废液不乱扔乱倒				
				3. 结束后清洗仪器				
九	重大失误（本项最多扣10分）			基准物的称量		称量失败，每重称一次倒扣2分		
				试液配制		溶液配制失误，重新配制的，每次倒扣5分		
				移取溶液		移取溶液后出现失误，重新移取，每次倒扣3分		
				滴定操作		重新滴定，每次倒扣5分		
						篡改（如伪造、凑数据等）测量数据的，总分以零分计		
十	总时间（0分）	210min	0					
	特别说明			打坏仪器照价赔偿				
十一	数据记录及处理（6分）	记录	1	1. 规范改正数据		每错一个扣0.5分，扣完为止		
				2. 不缺项				
		计算	3	计算过程及结果正确（由于第一次错误影响到其他不再扣分）		每错一个扣0.5分，扣完为止		
		有效数字保留	2	有效数字位数保留正确或修约正确		每错一个扣0.5分，扣完为止		
十二	标定结果（30分）	精密度	15	相对极差≤0.15%		扣0分		
				0.15%＜相对极差≤0.25%		扣3分		
				0.25%＜相对极差≤0.35%		扣6分		
				0.35%＜相对极差≤0.45%		扣9分		
				0.45%＜相对极差≤0.55%		扣12分		
				相对极差＞0.55%		扣15分		
		准确度	15	｜相对误差｜≤0.10%		扣0分		
				0.10%＜｜相对误差｜≤0.20%		扣3分		
				0.20%＜｜相对误差｜≤0.30%		扣6分		
				0.30%＜｜相对误差｜≤0.40%		扣9分		
				0.40%＜｜相对误差｜≤0.50%		扣12分		
				｜相对误差｜＞0.50%		扣15分		

序号	作业项目	考核内容	配分	操作要求	考核记录	扣分说明	扣分	得分
十三	测定结果（30分）	精密度	15	相对极差≤0.15%		扣 0 分		
				0.15%＜相对极差≤0.25%		扣 3 分		
				0.25%＜相对极差≤0.35%		扣 6 分		
				0.35%＜相对极差≤0.45%		扣 9 分		
				0.45%＜相对极差≤0.55%		扣 12 分		
				相对极差＞0.55%		扣 15 分		
		准确度	15	｜相对误差｜≤0.10%		扣 0 分		
				0.10%＜｜相对误差｜≤0.20%		扣 3 分		
				0.20%＜｜相对误差｜≤0.30%		扣 6 分		
				0.30%＜｜相对误差｜≤0.40%		扣 9 分		
				0.40%＜｜相对误差｜≤0.50%		扣 12 分		
				｜相对误差｜＞0.50%		扣 15 分		

2.3 化学分析报告单

一、高锰酸钾标准滴定溶液的标定

项目 \ 测定次数		1	2	3	备用
基准物称量	m（倾样前）/g				
	m（倾样后）/g				
	$m(Na_2C_2O_4)$/g				
移取试液体积/mL					
滴定管初读数/mL					
滴定管终读数/mL					
滴定消耗 $KMnO_4$ 体积/mL					
体积校正值/mL					
溶液温度/℃					
温度补正值					
溶液温度校正值/mL					
实际消耗 $KMnO_4$ 体积/mL					
空白/mL					
c/(mol/L)					
$\bar{c}$/(mol/L)					
相对极差/%					

二、过氧化氢含量的测定

项目 ＼ 测定次数		1	2	3	备用
样品称量	m（倾样前）/g				
	m（倾样后）/g				
	m（试样）/g				
滴定管初读数/mL					
滴定管终读数/mL					
滴定消耗 $KMnO_4$ 体积/mL					
体积校正值/mL					
溶液温度/℃					
温度补正值					
溶液温度校正值/mL					
实际消耗 $KMnO_4$ 体积/mL					
空白/mL					
$c\left(\dfrac{1}{5}KMnO_4\right)$/(mol/L)					
$w(H_2O_2)$/(g/kg)					
$\overline{w}(H_2O_2)$/(g/kg)					
相对极差/%					

数据处理计算过程

结果报告

样品名称		样品性状	
平行测定次数			
$\overline{w}(H_2O_2)/(g/kg)$			
相对极差/%			

2.4 仪器分析操作试题

紫外-可见分光光度法测定未知物

一、仪器

1.紫外-可见分光光度计（UV-1800PCDS2）；配 1cm 石英比色皿 2 个（比色皿可以自带）；

2.容量瓶：100mL　15 个；

3.吸量管：10mL　5 支；

4.烧杯：　100mL　5 个。

二、试剂

1.标准物质贮备溶液：任选 3 种标准物质贮备溶液（水杨酸、1，10-菲罗啉、磺基水杨酸、苯甲酸、维生素 C、山梨酸、硝酸盐氮、糖精钠）

2.未知液：3 种标准物质溶液中的任何一种。

三、实验操作

1.吸收池配套性检查

石英吸收池在 220nm 装蒸馏水，以一个吸收池为参比，调节 τ 为 100%，测定其余吸收池的透射比，其偏差应小于 0.5%，可配成一套使用，记录其余比色皿的吸光度值作为校正值。

2.未知物的定性分析

将三种标准物质贮备溶液和未知液配制成约为一定浓度的溶液。以蒸馏水为参比，于波长 200～350nm 范围内测定溶液吸光度，并作吸收曲线。根据吸收曲线的形状确定未知物，并从曲线上确定最大吸收波长作为定量测定时的测量波长。190～210nm 处的波长不能选择为最大吸收波长。

3.标准工作曲线绘制

分别准确移取一定体积的标准溶液于 100mL 容量瓶中，以蒸馏水稀释至刻线，摇匀（绘制标准曲线必须是 7 个点，7 个点分布要合理）。根据未知液吸收曲线上最大吸收波长，以蒸馏水为参比，测定吸光度。然后以浓度为横坐标，以相应的吸光度为纵坐标绘制标准曲线。

4.未知物的定量分析

确定未知液的稀释倍数，并配制待测溶液于所选用的 100mL 容量瓶中，以蒸馏水稀释至刻线，摇匀。根据未知液吸收曲线上最大吸收波长，以蒸馏水为参比，测定吸光度。根据待测溶液的吸光度，确定未知样品的浓度。未知样平行测定 3 次。

四、结果处理

根据未知溶液的稀释倍数，求出未知物的含量。

计算公式：
$$c_0 = c_X n$$

式中　c_0——原始未知溶液浓度，$\mu g/mL$；

　　　c_X——查得的未知溶液浓度，$\mu g/mL$；

　　　n——未知溶液的稀释倍数。

2.5 仪器分析评分标准

仪器分析考核评分细则表

序号	作业项目	考核内容	配分	考核记录	扣分说明	扣分	得分
一	仪器的准备（2分）	玻璃仪器的洗涤	1	洗净 / 未洗净	未洗净，扣1分，最多扣1分		
		检查仪器	1	进行 / 未进行	未进行，扣1分，最多扣1分		
二	溶液的制备（7分）	吸量管润洗	1	进行 / 未进行	吸量管未润洗或用量明显较多扣1分		
		容量瓶试漏	1	进行 / 未进行	未进行，扣1分，最多扣1分		
		容量瓶稀释至刻度	5	准确 / 不准确	溶液稀释体积不准确，且未重新配制，扣1分/个，最多扣5分		
三	比色皿的使用（3分）	比色皿操作	1	正确 / 不正确	手触及比色皿透光面扣0.5分，测定时，溶液过少或过多，扣0.5分(2/3~4/5)		
		比色皿配套性检验	1	进行 / 未进行	未进行，扣1分，最多扣1分		
		测定后，比色皿洗净，控干保存	1	进行 / 未进行	比色皿未清洗或未倒空，扣1分，最多扣1分		
四	仪器的使用(3分)	参比溶液的正确使用	1	正确 / 不正确	参比溶液选择错误，扣1分，最多扣1分		
		测量数据保存和打印	2	进行 / 未进行	不保存每次扣1分，最多扣2分		
五	原始数据记录（5分）	原始记录	2	完整、规范 / 欠完整、不规范	原始数据不及时记录每次扣0.5分；项目不齐全、空项扣0.5分/项；最多扣2分，更改数值经裁判员认可，擅自转抄、誊写、涂改、拼凑数据取消比赛资格		
		是否使用法定计量单位	1	是 / 否	没有使用法定计量单位，扣1分，最多扣1分		
		报告（完整、明确、清晰）	2	规范 / 不规范	不规范，扣2分，最多扣2分；无报告、虚假报告者取消比赛资格		
六	文明操作结束工作（2分）	关闭电源、填写仪器使用记录	1	进行 / 未进行	未进行，每一项扣0.5分，最多扣1分		
		台面整理、废物和废液处理	1	进行 / 未进行	未进行，每一项扣0.5分，最多扣1分		
七	重大失误	玻璃仪器	0	损坏	每次倒扣2分		
		UV1800光度计	0	损坏	每次倒扣20分并赔偿相关损失		
		试液重配制	0		试液每重配制一次倒扣3分，开始吸光度测量后不允许重配制溶液		
		重新测定	0		由于仪器本身的原因造成数据问题，重新测定不扣分。其他情况每重新测定一次倒扣3分		

序号	作业项目	考核内容	配分	考核记录	扣分说明	扣分	得分
八	总时间 （0分）	210min 完成	0		比赛不延时，到规定时间终止比赛		
九	定性测定 （8分）	扫描波长范围选择	1	正确 不正确	未在规定的范围内扣1分，最多扣1分		
		光谱比对方法及结果	3	正确 不正确	结果不正确扣3分，最多扣3分		
		光谱扫描、绘制吸收曲线	4	正确 不正确	吸收曲线一个不正确扣1分，最多扣4分		
十	定量测定 （36分）	测量波长的选择	1	正确 不正确	最大波长选择不正确扣1分，最多扣1分		
		正确配制标准系列溶液（7个点）	3	正确 不正确	标准系列溶液个数不足7个，扣3分		
		7个点分布要合理	3	合理 不合理	不合理，扣3分		
		标准系列溶液的吸光度	3	正确 不正确	大部分的吸光度在0.2~0.8之间（≥4个点），否则扣3分		
		未知溶液的稀释方法	3	正确 不正确	不正确，扣3分		
		试液吸光度处于工作曲线范围内	3	正确 不正确	吸光度超出工作曲线范围，扣3分，不允许重做		
		工作曲线线性	20	1档	相关系数≥0.999995	0	
				2档	0.999995＞相关系数≥0.99999	4	
				3档	0.99999＞相关系数≥0.99995	8	
				4档	0.99995＞相关系数≥0.9999	12	
				5档	0.9999＞相关系数≥0.9995	16	
				6档	相关系数＜0.9995	20	
十一	测定结果 （34分）	图上标注项目齐全	1	全 不全	每缺1项，扣0.5分，最多扣1分；在图上标注选手相关信息的，取消比赛资格		
		计算公式正确	1	正确 不正确	公式不正确扣1分，最多扣1分		
		计算正确	1	正确 不正确	计算不正确扣1分，最多扣1分		
		有效数字	1	正确 不正确	有效数字保留不正确扣1分，最多扣1分		
		精密度	10	1档	A值相差为0.001	0	
				2档	A值相差=0.002	2	
				3档	A值相差=0.003	4	
				4档	A值相差=0.004	6	
				5档	A值相差=0.005	8	
				6档	A值相差＞0.005	10	
		准确度	20	1档	$|RE|\leq0.25\%$	0	
				2档	$0.25\%＜|RE|\leq0.5\%$	5	
				3档	$0.5\%＜|RE|\leq0.75\%$	10	
				4档	$0.75\%＜|RE|\leq1\%$	15	
				5档	$|RE|＞1\%$	20	

2.6 仪器分析报告单

全国职业院校工业分析检验技能竞赛（中职）
仪器分析操作报告单

考核试卷：（A、B）卷＿＿＿＿＿＿＿＿　考场：＿＿＿＿＿＿＿＿

赛位号：＿＿＿＿＿　考核时间：20　年＿＿＿月＿＿＿日（上、下）午

…○…装订线……○……○…装订线…○……○…装订线…○……○…装订线…○……○

一、比色皿配套性检验

$A_1 = 0.000$　　　　　　　$A_2 = $ ＿＿＿＿＿＿

二、定性结果：未知物为 ＿＿＿＿＿＿＿＿＿＿＿＿＿。

三、未知试样的定量测量

1. 标准使用溶液的配制

标准贮备溶液浓度：＿＿＿＿＿＿　标准使用溶液浓度：＿＿＿＿＿＿

稀释次数	吸取体积/mL	稀释后体积/mL	稀释倍数
1			
2			
3			
4			
5			

2. 标准曲线的绘制

测量波长：＿＿＿＿＿＿＿＿＿＿

溶液代号	吸取标液体积/mL	$\rho/(\mu g/mL)$	A	A 校正
0				
1				
2				
3				
4				
5				
6				

考核试卷：（A、B）卷 _____ 考场：_____

赛位号：_____ 考核时间：20　年____月____日（上、下）午

···○···装订线······○······○···装订线···○······○···装订线···○······○···装订线···○······○

3. 未知液的配制

稀释次数	吸取体积/mL	稀释后体积/mL	稀释倍数
1			
2			
3			
4			
5			

4. 未知物含量的测定

平行测定次数	1	2	3
A			
$A_{校正}$			
查得的浓度/(μg/mL)			
原始试液浓度/(μg/mL)			
原始试液的平均浓度/(μg/mL)			

计算公式：

计算过程：

定量分析结果：未知物的浓度为 _____。

参 考 文 献

［1］ 王建梅，刘晓薇.化学实验基础.第 2 版.北京：化学工业出版社，2010.

［2］ 黄一石，乔子荣.定量化学分析.第 2 版.北京：化学工业出版社，2014.

［3］ 胡伟光，张文英.定量化学分析实验.第 2 版.北京：化学工业出版社，2014.

［4］ 王炳强，高洪潮.仪器分析——光谱与电化学分析技术.北京：化学工业出版社，2010.

［5］ 王炳强.仪器分析——色谱分析技术.北京：化学工业出版社，2011.

［6］ 黄一石.仪器分析.第 3 版.北京：化学工业出版社，2013.

［7］ 丁敬敏，杨小林.化学检验工理论知识试题集.北京：化学工业出版社，2008.

［8］ 武汉大学.分析化学.第 4 版.北京：高等教育出版社，2000.